气象灾害调查研究与实践

程向阳　王　凯　刘　岩　陶　寅
邱阳阳　朱　浩　侍　瑞　孙　浩　编著
鲁　俊　曹琦萍　鞠晓雨

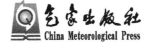
气象出版社
China Meteorological Press

内容简介

本书将气象灾害分为台风、暴雨洪涝、干旱、飑线、冰雹、雷电、雪灾、低温冷害等 21 类，全面总结了 21 个灾种的定义和分级、时空分布特征、成因、灾害调查现状和灾害调查案例五个方面，尤其对现阶段灾害调查的相关标准、工作现状、调查内容和方法进行了详细论述。本书可供从事气象灾害调查相关工作的部门和人员参考。

图书在版编目(CIP)数据

气象灾害调查研究与实践/程向阳等编著 . —北京：
气象出版社,2018.6
ISBN 978-7-5029-6796-3

Ⅰ.①气…　Ⅱ.①程…　Ⅲ.①气象灾害-研究　Ⅳ.
①P429

中国版本图书馆 CIP 数据核字(2018)第 153305 号

Qixiang Zaihai Diaocha Yanjiu Yu Shijian
气象灾害调查研究与实践

出版发行：气象出版社

地　　址：北京市海淀区中关村南大街 46 号　　　　邮政编码：100081
电　　话：010-68407112(总编室)　010-68408042(发行部)
网　　址：http://www.qxcbs.com　　　　E-mail：qxcbs@cma.gov.cn
责任编辑：王萃萃　　　　　　　　　　　　　终　　审：吴晓鹏
责任校对：王丽梅　　　　　　　　　　　　　责任技编：赵相宁
封面设计：博雅思企划
印　　刷：北京中石油彩色印刷有限责任公司
开　　本：787 mm×1092 mm　1/16　　　　　印　　张：10.25
字　　数：270 千字　　　　　　　　　　　　彩　　插：2
版　　次：2018 年 6 月第 1 版　　　　　　　印　　次：2018 年 6 月第 1 次印刷
定　　价：60.00 元

前　言

　　我国地处东亚季风区,是世界上最严重的气候脆弱区之一。气象灾害种类多、强度大、频率高,主要气象灾害和次生、衍生灾害有台风、暴雨洪涝、干旱、飑线、冰雹、雷电、雪灾、低温冷害、冻害和霜冻、沙尘暴、高温热浪、雾和霾、连阴雨、干热风、凌汛、地质气象灾害、风暴潮、寒潮、森林草原火灾、龙卷、输电线路覆冰共21类,并有以下特征:(1)造成的生命和财产损失十分严重,直接经济损失占总经济损失的76%以上;(2)旱、涝等灾害持续性特征很明显;(3)群发性十分突出,常常在同一时间段内出现多种气象灾害;(4)具有明显的区域性特征;(5)发生频率高、季节性强。

　　近年来,受全球气候变化影响,我国极端天气气候事件明显增多,气象灾害的多样性、突发性、极端性日显突出,灾害的多变性、关联性和难以预见性更加明显。特别是随着经济快速发展和工业化、城市化进程的不断加快,社会孕灾环境更加脆弱敏感、承灾体更加暴露、致灾因子更加复杂多样,我国气象灾害时空分布、损失程度和影响深度广度出现新变化。如何将气象灾害对我们的生活和生产造成的破坏降到最低程度,是每一次重大气象灾害后,我们面对疮痍时不断求索的问题。而认识必然来自于实践,即对气象灾害进行调查、分析、总结。气象灾害调查是运用人工和科技手段,收集有关天气、气候灾害和气象次生、衍生灾害的成因、过程和结果的定性或定量资料,来加强对气象灾害的认识,从而为人们预防气象灾害、控制灾害程度以及灾后恢复提供有效的方法或建议。

　　本书在对21个灾种的定义和分级、时空分布特征、成因、灾害调查现状和典型灾害调查案例五个方面全面总结的基础上,重点突出各灾种现阶段灾害调查的相关标准、工作现状、调查内容和方法,为气象灾害调查工作提供了科学依据。另外,很多业界同仁的研究成果为本书提供了参考资料及意见,在此一并致以诚挚的感谢。

　　限于作者的水平和条件,书中不妥之处在所难免,恳请批评指正。

作者

2018 年 6 月

目　录

第1章 台　风

1.1 概述

1.1.1 定义

热带气旋通常发生在 5°N 以北的西北太平洋热带洋面上。它有一个无云区的中心,中心上空有一个暖核,围绕中心的气流呈逆时针方向旋转。在这个涡旋中,最低气压出现在中心,其最大风速出现在中心附近,并达到或超过 10.8 m/s。当热带气旋中心附近最大风速达到 32.7 m/s 时便称为台风(陈联寿等,2012)。

1.1.2 等级划分

根据《热带气旋等级》(GB/T 19201—2006),将热带气旋分为热带低压、热带风暴、强热带风暴、台风、强台风和超强台风六个等级(表 1.1)。

表 1.1　热带气旋等级划分表

热带气旋等级	底层中心附近最大平均风速(m/s)	底层中心附近最大风力(级)
热带低压	10.8～17.1	6～7
热带风暴	17.2～24.4	8～9
强热带风暴	24.5～32.6	10～11
台风	32.7～41.4	12～13
强台风	41.5～50.9	14～15
超强台风	≥51.0	16 或以上

1.2 灾害分布特征

1.2.1 空间分布特征

台风登陆地点几乎遍及我国沿海。1949—2007 年登陆广东的次数最多,达 269 次,占总数的 42.9%,其次为台湾、福建和浙江,分别占 18.98%、15.63% 和 6.54%。由于广西、海南和香港处在热带气旋生成地偏西的位置,故热带气旋登陆次数偏少;而上海、江苏、山东、天津、辽宁处在偏北位置,登陆次数也少(表 1.2)(袁娟娟等,2011)。

表 1.2　1949—2007 年登陆我国热带气旋的登陆地点分布

地区	广东	台湾	福建	浙江	广西	香港	海南	辽宁	江苏	山东	上海	天津
合计	269	119	98	41	26	6	30	12	6	14	5	1
百分比(%)	42.90	18.98	15.63	6.54	4.15	0.96	4.79	1.91	0.96	2.23	0.80	0.16

　　影响我国大陆的台风中,约 85% 的台风平均风力在 6 级以上或有 8 级以上阵风。根据 1951—2000 年的台风历史资料统计得到台风影响下我国大陆出现 6～7 级(或阵风 8～9 级)、8～9 级(或阵风 10～11 级)大风的频次分布(中国气象局上海台风研究所,2006),6～7 级大风以广东上川岛的出现频次最多,有 171 次。8～9 级(或阵风 10～11 级)大风主要出现在浙江、福建、广东和海南的沿海地区,其频次以福建台山居最,达 101 次。台风引起的大风风速与大风频次有类似的分布,也是沿海大、内陆小的特征。

　　影响我国大陆的台风中,约 78%、61% 和 15% 的台风会带来暴雨、大暴雨和特大暴雨。台风导致中国大陆出现大暴雨的频次分布(中国气象局上海台风研究所,2006),也是从东南沿海向内陆递减,浙江、福建、广东、广西沿海和海南、台湾大部是大暴雨和特大暴雨影响区域,其中 1951—2000 年大暴雨频次最多的是海南岛的琼中,达 74 次,特大暴雨频次最多的则是台湾的阿里山,达 45 次。

1.2.2　时间分布特征

1.2.2.1　年变化

　　利用上海台风研究所的资料,对 1951—2004 年在西北太平洋和南海生成的台风进行统计研究。研究表明,1951—2004 年,在西北太平洋和南海生成的台风共 1845 个,平均每年有 32.5 个,最少有 21 个(1998 年),最多有 35 个(1967 年)。在生成的台风中有 928 个影响我国,平均每年有 16.8 个,最少有 9 个(1997 年),最多有 27 个(1997 年)。生成台风频数 20 世纪 50 年代至 70 年代初呈增加趋势,影响台风频数也有弱的增加趋势,此后呈波动减少。1951—2004 年生成台风和影响台风频数的减少趋势分别为 1.7 个/10 a 和 0.9 个/10 a(图 1.1)(王小玲等,2007)。

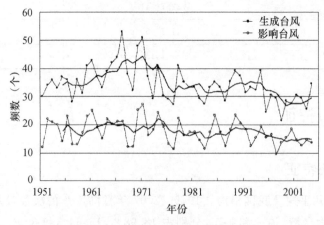

图 1.1　1951—2004 年西北太平洋和南海生成的台风(上)和影响中国的台风(下)频数变化
(粗线为 5a 滑动平均)(引自王小玲等,2007)

1.2.2.2　月变化

7—9 月是台风登陆我国的集中期。登陆台风数以 7 月最多,8 月和 9 月次之,4—12 月都曾有过台风登陆(陈联寿等,2012)。根据多年(1949—2010 年)的统计数据,登陆我国最早的台风是 2008 年 4 月 18 日登陆海南文昌的 0801 号台风"浣熊"(Neoguri),最晚的是 2004 年 12 月 4 日登陆台湾屏东的 0428 号强台风"南玛都"(Nanmadol),但登陆主要集中在盛夏初秋的7—9 月(图 1.2)(薛建军等,2012)。

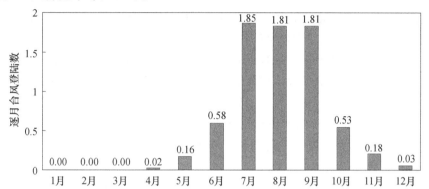

图 1.2　1949—2010 年逐月登陆台风(热带风暴以上)的频数分布(引自薛建军等,2012)

1.2.2.3　日变化

对 1949—1999 年登陆我国台风时间特征分析表明,登陆时间具有一定的日变化特征,登陆时间出现频率在 02—03 时、08—12 时和 19—23 时三个时段较大,00—01 时、04—07 时和13—18 时的出现频率较小。这一出现频率的日变化分布特征在广东表现得最为明显,登陆我国其他地区的时间日变化不明显(图 1.3)(梁建茵,2003)。

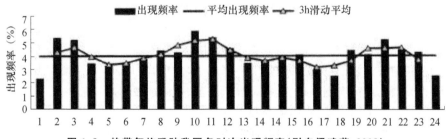

图 1.3　热带气旋登陆我国各时次出现频率(引自梁建茵,2003)

1.3　成因分析

1.3.1　气象条件

1.3.1.1　天气系统

台风本身即为一种天气系统,它的形成和发展需要以下天气条件。

(1)广阔的高温洋面。通常海水温度要高于 26.5 ℃,且深度要有 60 m 深。

(2)合适的流场。如东风波,赤道辐合带等,可促使气流上升运动越来越强。

(3)足够大的地转偏向力。使辐合气流沿着中心旋转,使气旋性环流加强。

(4)气流铅直切变要小。即高低空风向风速相差不大,有利于台风暖心形成和维持。

影响台风路径的天气系统包括副热带高压、中纬度西风带和外围引导气流等。

1.3.1.2 气象要素及影响因子

台风致灾因子主要包括强风、暴雨、风暴潮。

台风导致的灾害统称台风风灾,台风产生的较大风力及较长的持续时间对人民生命财产安全及各行各业产生严重影响。台风环流影响范围内的水平风速具有非均匀分布和多尺度的时空特征,而且还具有急剧变化和阵发的性状。

台风暴雨灾害主要是指登陆台风近中心剧烈对流作用和外围台风环流与冷空气等天气系统共同作用形成降雨强度极大情况下引起的自然灾害。台风洪涝灾害主要是指台风登陆前后移动过程中在沿海和内陆丘陵地区累计雨量很大情况下引发的大范围自然灾害。导致台风暴雨灾害的主要气象因子是台风的降雨强度,而导致台风洪涝灾害的主要气象因子除台风降雨强度外,还与台风影响过程的持续时间长短和影响地区前期的雨量多寡有关,二者均与台风降雨强度等级密切相关(陈联寿等,2012)。

台风登陆后,由于切断了下垫面的水汽供应及边界层摩擦增大,强度一般会减弱,但减弱率因登陆地区地形、登陆前强度不同和环境流场等因素的差别也会有所不同。但也有台风登陆或登陆后强度维持不变甚至加强,其原因是动能和非绝热加热加大,水汽供给充分,水汽输送强盛所致。当台风移近海岸时,由于地形影响增强台风内部辐合强对流活动,或与沿海地区另一块对流云团系统合并,其结果将使台风中低层涡度迅速增加,并促使近海台风突然加强(陈玉林等,2005)。

1.3.2 承灾体

1.3.2.1 主要影响行业

(1)农业:农作物、果树林木等经济作物因台风大风倒伏、因台风暴雨淹没或受渍涝。

(2)渔业:鱼塘被淹没,鱼苗被冲走。

(3)建(构)筑物:居民房屋倒塌、受损,堤岸、路基、桥梁被破坏。

(4)海上设施:海上作业设施、船舶受损。

(5)交通运输:破坏铁路、道路、航道,使运输中断,引发交通事故。

(6)城市设施:城市建筑工程设施、公共基础设施、高层建筑、绿化及路边的广告牌受破坏。

(7)破坏水利工程:冲毁垮坝数量、排、灌渠道,破坏水利发电设施。

(8)生命线工程:电力、水利、供气、通信设施受损,水、电、气和通信中断。

1.3.2.2 暴露度

台风灾害的暴露度通常包括人口密度、作物状况、建筑物结构、城市化水平、经济发展程度等。若人口密度大、财富密集、农作物播种面积大等则暴露于台风中的承灾体多,容易遭受台风灾害(陈香,2007)。

1.3.2.3 脆弱性

台风灾害的脆弱性指整个社会经济系统易于遭受台风影响,导致人员伤亡、农作物受灾成灾减产、房屋倒塌损坏、工矿企业停工停产损失以及财产损失、水利交通通信等生命线工程受毁等现象。脆弱性越强,系统受灾越严重,恢复力就越差。台风灾害系统脆弱性一般体现在两个层次:一是台风灾害发生过程中,暴露在灾害中的人员、作物、财产等受台风致灾因子影响而造成损害,这时,暴露在灾害中的人员、作物和财产等是承灾体;二是台风灾害发生后,人类表现出的应对灾害能力、制定减灾预案、采取救灾措施、恢复重建计划等(陈香,2007)。

1.3.3　其他孕灾环境

1.3.3.1　地形地貌

台风强风的破坏限于近海海域和沿海地区。台风大风主要以物理破坏为主,其典型孕灾环境为高海拔山地丘陵和滨海平原区。台风风灾的影响范围远比台风强降水引发的洪涝灾害的影响区域小。就台风暴雨洪涝灾害而言,高程越低、地形起伏越小,越易孕育涝灾;高程越低且地形起伏大越易孕育山洪,因地表径流在重力作用下容易向低洼地汇集,并且由于向低地势区汇集过程中使得水流加速,进而容易衍生地质灾害。

1.3.3.2　河流、水系

河网越密集、距离水体越近,遭受涝灾风险越大。河网的分布在很大程度上决定了地区遭受洪水侵袭的难易程度,距离河道、湖泊水库等越近,则发生洪涝灾害的风险越高。尤其对于蓄洪排涝能力不强的江河水库,短时强降雨过程会导致河水外溢,并向周边发生漫延、泛滥。

1.3.3.3　植被

高密度的植被覆盖能有效地缓解台风暴雨洪涝的破坏作用。对台风暴雨洪涝而言,植被覆盖率越大,对洪水的滞留能力越强,则径流系数越小,从而降低下游洪涝发生的可能(俞布等,2011;王胜等,2012)。

1.4　灾害调查现状

1.4.1　相关标准

关于台风方面的标准有《热带气旋等级》(GB/T 19201—2006)、《全球热带气旋等级》(GB/T 32935—2016)和《台风灾害影响评估技术规范》(QX/T 170—2012)等。

1.4.2　工作现状

1.4.2.1　调查开展机构

气象部门开展过针对台风灾害的相关调查。如:2015 年第 9 号台风"灿鸿"(超强台风级别,英文名 Chan-hom)于 2015 年 6 月 30 日 20 时在西北太平洋洋面生成,"灿鸿"给浙江、上海和江苏及其沿海地区带来强风暴雨,导致部分地区遭受严重暴雨洪涝和大风灾害,其中浙江省受灾最为严重。7 月 10—14 日,中国气象局国家气象中心、公共气象服务中心,浙江省气象局以及宁波市、舟山市气象局组成联合调查组,对"灿鸿"的预报服务情况、灾害影响情况等进行了现场调查(赵慧霞等,2016)。

其他部门或高校针对台风对相关行业造成的影响开展专项调查,如:0814 号强台风"黑格比"于 2008 年 9 月 24 日 06 时 45 分在广东省茂名市电白县陈村镇沿海登陆,在"黑格比"影响下,广州、佛山、中山、珠海、江门和阳江等地均出现罕见的风暴潮,其潮位之高为百年一遇,哈尔滨工业大学研究人员对茂名市和湛江市市区以及村镇因灾受损的建筑物进行了实地调研(宋芳芳等,2010)。

除此以外,农业、林业等部门联合气象部门也针对台风灾情开展了联合调查。如:2016年,江西省南昌市气象局、农业局针对台风"鲇鱼"的影响开展了联合调查。

1.4.2.2 业务规定和工作制度

2012年9月中国气象局编写的《台风业务和服务规定》(第四次修订版)由气象出版社出版,该书由总则、编号与定位、加密观测、通信传输、分析和预报、预报预警服务、资料收集和整编、国际协作和组织领导九章组成。

2008年5月中国气象局印发了《全国气象灾情收集上报调查和评估规定》和《全国气象灾情收集上报技术规范》,就气象灾情收集上报调查和评估工作纳入日常业务。

2018年1月安徽省气象局印发了《安徽省气象灾害调查业务管理规定(试行)》,进一步规范安徽省气象部门气象灾害调查工作。

1.4.3 调查内容和方法

1.4.3.1 监测手段

目前对台风的监测主要包括:地面探测、高空探测、雷达观测、其他特种观测和遥感探测等。地面探测主要是对台风影响时近地面层和大气边界层范围内的各种气象要素进行观察和测定;高空探测一般是利用探空气球携带无线电探空仪器升空进行,可测得不同高度的大气温度、湿度、气压,并以无线电信号发送回地面,利用地面的雷达系统跟踪探空仪的位移还可测得不同高度的风向和风速。多普勒天气雷达可对台风进行监视、跟踪,雷达探测的降水强度、回波高度、范围和分布状况等可为台风实时监测以及临近预报提供重要参考依据;特种观测包括GPS/MET 水汽监测、边界层气象梯度探测、陆地移动"追风"探测、飞机气象探测、海面船舶探测等;遥感气象探测主要是利用气象卫星、雷达和其他遥感仪器等设备进行的气象要素探测(陈联寿等,2012)。

1.4.3.2 调查内容

(1)灾情描述

1)人员伤亡情况:因台风灾害导致的死亡人口、受伤人口、失踪人口,人员受伤害方式、程度,转移人口数量。

2)农业受损情况:农作物、果树林木等经济作物因台风大风倒伏、因台风暴雨淹没或受渍涝情况。

3)建(构)筑物受损情况:居民房屋倒塌、受损数量及程度,堤岸、路基、桥梁被破坏数量及程度。

4)海上设施受损情况:海上作业设施、船舶受损情况。

5)交通运输受影响情况:破坏铁路、道路、航道情况,运输中断时间,引发交通事故情况。

6)城市设施受损情况:城市建筑工程设施、公共基础设施、高层建筑、绿化及路边的广告牌受破坏情况。

7)破坏水利工程情况:垮坝数量、排、灌渠道冲毁情况、水利发电设施破坏情况。

8)生命线工程受损情况:电力、水利、供气、通信设施受损情况,水、电、气和通信中断时长。

9) 其他损失。

(2) 气象因素

台风编号和名称、登陆时间和地点、天气系统、主要致灾因子、气温、风速风向、气压、降水。

(3) 环境因素

1) 灾害发生地行政区域、经纬度、海拔高度。

2) 受灾区域的地形地貌、水域、植被分布、地质等情况。

3) 受灾区域主要产业结构及经济发展状况。

(4) 历史因素

受灾地历史上发生台风灾害的情况,包括灾害发生的时间、致灾因子和主要灾情损失情况等。

1.4.3.3　调查方法

(1) 实地调查:对灾害现场进行实地调查,包括台风影响区域、承灾体受损情况等。对灾害现场拍摄现场照片或进行录像,对典型破坏物象,宜近距离拍照并进行测量。

(2) 采访询问:对灾害目击者、受灾人员进行现场采访,询问灾害发生及影响情况,进行现场采访时进行录音或录像。

(3) 查阅资料:查阅气象观测资料,获取灾害发生时气象信息;查阅其他部门资料获得灾情信息。

(4) 联合调查:必要时可联合农业、水利、地质部门开展调查。

1.5　灾害调查案例

【台风"灿鸿"灾害调查】

2015 年第 9 号台风"灿鸿"给浙江、上海和江苏及其沿海地区带来强风暴雨,导致部分地区遭受严重暴雨洪涝和大风灾害,其中浙江省受灾最为严重。2015 年 7 月 10—14 日,中国气象局国家气象中心、公共气象服务中心,浙江省气象局以及宁波市、舟山市气象局组成联合调查组,选取浙江省宁波市区、余姚、象山,舟山市区和朱家尖等一些典型受灾点,对"灿鸿"的预报服务情况、灾害影响情况等进行了详细的现场调查和致灾原因分析。

调查组现场考察了农田受淹、种植大棚受损情况,水库汛情、渔业港口运行等情况,树木折断、倒伏等情况,城市内涝、沿海围海工程被毁、建筑损毁等情况。对当地三防办人员、养殖户进行座谈采访,了解灾情及灾损情况。

通过调查分析,得到此次灾害主要特点是城市部分低洼地区出现了一定程度的内涝、浙江沿海渔业养殖损失严重、部分设施农业和沿海工程受损,台风中心经过地区部分较粗的绿化树木出现倒伏。通过气象资料分析,得到台风灾害的致灾原因:降雨强度大、大风持续时间长是致灾严重的主要原因,强降雨与前期梅雨偏多带来的叠加效应加重了洪涝灾害,并从孕灾环境方面分析了成灾原因,且指出"灿鸿"造成农业和渔业设施损失严重,其中一个重要原因是2015 年强台风影响偏早,部分农渔产品还没来得及收获。

此外,调查还对气象部门服务情况进行分析,"灿鸿"影响期间,各级气象部门密切跟踪台风动向,及时主动向政府及其他决策部门报送台风预报和影响信息,积极开展决策气象服务,同时各级地方部门相互配合,在最大程度上降低了台风灾害产生的损失和影响,决策气象服务效益显著。

第 2 章 暴雨洪涝

2.1 概述

2.1.1 定义

12 h 降水量达 30.0～69.9 mm 为暴雨,70.0～139.9 mm 为大暴雨,140 mm 及其以上为特大暴雨;24 h 降水量达 50.0～99.9 mm 为暴雨,100.0～249.9 mm 为大暴雨,250 mm 及其以上为特大暴雨(GB/T 28592—2012《降水量等级》)。

2.1.2 等级划分

降雨分为微量降雨(零星小雨)、小雨、中雨、大雨、暴雨、大暴雨、特大暴雨共 7 个等级,划分见表 2.1(GB/T 28592—2012《降水量等级》)。

表 2.1 不同时段的降雨量等级划分表

等级	时段降雨量(mm)	
	12 h 降雨量	24 h 降雨量
微量降雨(零星小雨)	<0.1	<0.1
小雨	0.1～4.9	0.1～9.9
中雨	5.0～14.9	10.0～24.9
大雨	15.0～29.9	25.0～49.9
暴雨	30.0～69.9	50.0～99.9
大暴雨	70.0～139.9	100.0～249.9
特大暴雨	≥140.0	≥250.0

2.2 灾害分布特征

2.2.1 空间分布特征

我国的暴雨洪涝灾害多发生在江淮以南以及华南沿海地区,其中江南北部至长江中下游最多。我国北方气候干燥,雨水较少,但在异常的气候影响下,也常有洪涝发生。长时间、大范围的连阴雨或频繁的暴雨都会引发洪涝灾害。我国暴雨集中的地带主要有两条:一条是辽东半岛—山东半岛—东南沿海;另一条是大兴安岭—太行山—武夷山东麓。此外,阴山、秦岭、南岭等山脉的南麓也是暴雨的多发地区。我国洪水灾害主要发生在珠江、长江、淮河、黄河、海河、辽河及松花江中下游平原和四川、关中盆地等地区。而涝渍灾害则主要出现于东部的平原和盆地地区,如三江平原、嫩江平原、辽河平原、河套平原、关中平原、冀中平原、淮北平原、江汉平原、长江三角洲和珠江三角洲等。

2.2.2 时间分布特征

2.2.2.1 年变化

我国暴雨发生的时间、地点和持续长度具有明显的年际变化。在有些年份暴雨频发,强度大,持续时间长,在大范围地区形成严重的洪涝灾害,如 1954 年和 1998 年在长江流域,1991年在江淮流域等。而在另一些年份,暴雨出现较少,或以局地与区域性,短历程暴雨为主。

图 2.1 是 1961—2000 年由我国数百个台站统计得到的全国平均暴雨日数历年变化(丁一汇等,2009),全国平均值(1971—2000 年)为 2.1 d,其年际变化的幅度在 1.8~2.7 d 之间(约1 d)。

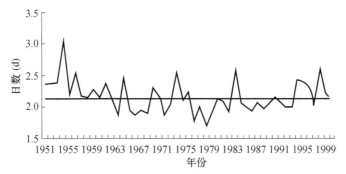

图 2.1 1961—2000 年全国平均暴雨日数变化曲线
(图中直线为平均值)(引自丁一汇等,2009)

2.2.2.2 月变化

我国大部分地区的降水集中在夏半年(4—9 月),冬半年一般很少出现暴雨,随着季节的推移和东亚季风的季节进程,我国降水最集中的地带或季节雨带从晚春到盛夏不断向北移动。从 4 月到 6 月上半月,大陆上的主要降雨地带徘徊在南岭以南地区,这时候就是华南前汛期暴雨时期。在 6 月下半月,随着夏季风的加强与北推,最多降雨区域便移至长江流域。7 月上半月,最多降雨地带位于长江流域和淮河之间。6 月下半月和 7 月上半月,正是长江中下游和淮河流域的梅雨暴雨期。到了 7 月下旬,最多降雨地带便移至黄河以北。这时候长江流域进入伏旱季节。8 月中旬以后雨带迅速地南退和减弱,以后随着冬季风的建立,大陆上雨带便向南撤退到华南和南海北部地区,上述雨带的季节推进基本上决定了我国暴雨发生的季节变化。

2.2.2.3 日变化

我国大陆东南和东北地区的降水日峰值都集中出现在下午;西南地区多在午夜达到降水峰值;长江中上游地区的降水多出现在清晨;江淮、黄淮地区呈现出清晨、午后双峰并存;青藏高原大部分地区是下午和午夜峰值并存。降水日变化存在显著的季节变化,暖季午后峰值更为突出,冷季清晨峰值更突出。由于夏季风雨带的季节内北进和南撤,暖季降水具有鲜明的季节内演变,季风活跃(间歇)期的日降水峰值多发生在清晨(下午)(宇如聪等,2014)。

2.3 成因分析

2.3.1 气象条件

2.3.1.1 天气系统

产生暴雨的天气系统通常包括：台风、低涡（西南涡、西北涡等）或相关切变线、低槽冷锋（高空槽和相应的冷锋）、高空冷涡系统、温带气旋、热带系统（如东风波、赤道辐合带（ITCZ）、季风低压或涡旋）北退或西进和局地雷暴群等。

2.3.1.2 气象要素及影响因子

降水系统中降水的形成和强度主要与以下 5 个物理条件有密切的关系。

（1）水汽分布和供应：为了使暴雨得以发生、发展和维持，必须有丰富的水汽供应，仅仅依靠降水区气柱内所含的水分是不够的，必须有外界水汽向暴雨区迅速地集中和不断地供应。

（2）上升运动：降水是发生在空气的上升运动区，地面或底层的空气只有通过抬升才能达到饱和，从而产生凝结，降落下来成为降水。

（3）层结稳定度和中尺度不稳定性：对流性暴雨是一种热对流现象。大气中有两种类型的对流：垂直对流和倾斜对流。它们形成的暴雨系统形态有明显差别，前者多形成暴雨雨团、强风暴单体、中尺度对流复合体（MCC）、中尺度对流系统（MCS）等，后者主要形成与锋区有关的对流雨带。

（4）风的垂直切变：风垂直切变对暴雨系统的影响研究并不多，大多数研究都是直接针对强风暴的。强风暴是引起暴雨，尤其是突发性暴雨的主要天气系统。

（5）云的微物理过程：由于地形和不同尺度天气系统或云系之间的相互作用，可以形成自然的播撒过程，从而使降水增强，形成暴雨。由于地形的作用，在山前形成大范围层状云，其中有许多小雨滴，如果积雨云由海上或其他地区移入这片层状云区可以形成积雨云与层状云共存的混合云系，两种云系不同大小的雨滴将发生明显的相互作用而产生播撒过程。

2.3.2 承灾体

2.3.2.1 主要影响行业

主要包括：农业、建（构）筑业、交通、电力、水利、通信及公共基础设施等。

暴雨淹没农田造成作物减产甚至绝收；淹没房屋、设备、物资等，迫使工厂、企业和商店等停产停工；对交通运输，尤其是铁路运输和公路运输的影响很大，主要表现在破坏道路，中断运输，甚至引发交通事故，致人伤亡；大的洪涝灾害严重破坏水利设施，包括垮坝，冲毁排、灌渠道，破坏发电设施等；对工业造成不利影响，造成停电、停水、冲毁道路、淹没房屋等影响工厂的正常生产活动，从而导致减产或停产。

2.3.2.2 暴露度

暴雨洪涝灾害的暴露度通常分为暴露范围、人口暴露度、经济暴露度和农作物暴露度 4 个方面。研究表明，我国过去近 30 a 暴雨洪涝灾害的暴露度水平总体是显著增加的。从我国暴雨洪涝灾害暴露水平的空间差异上来看，沿海区域的暴露水平高于内陆地区，其中山东、河南、江苏 3 省不论是灾害暴露范围、人口暴露度、经济暴露度还是农作物暴露度都位居前列是我国暴雨洪涝灾害暴露水平最高的省份。虽然上海、天津、北京 3 市的多年人口暴露度和经济暴露度是最大的,且近 30 年的增加水平也最显著,但这 3 市的灾害暴露范围和农作物暴露度均位居全国后位。我国西部的西藏、青海、新疆等省(自治区)在灾害暴露水平的 4 个方面均位居全国较低位次,是我国暴雨洪涝灾害暴露水平总体最低的区域。

2.3.2.3　脆弱性

暴雨洪涝灾害的脆弱性通常分为人口脆弱性和经济脆弱性两方面。研究表明,沿海省份的脆弱性低于中部地区的湖南、安徽、重庆、江西、湖北等省(直辖市),这些省(直辖市)人口脆弱性和经济脆弱性均较强。我国暴雨洪涝灾害人口脆弱性的多年变化趋势总体上表现为显著增大的特征,增大区域主要分布在西南部的重庆、四川、贵州、云南、广西以及中部的湖北、江西等省份;东部沿海省份的人口脆弱性增大趋势亦不如中部和西南部省份。我国暴雨洪涝灾害经济脆弱性的多年变化总体上表现为显著减小趋势。这主要由于我国经济高速发展,GDP 的增长速度远高于灾害造成的直接经济损失的增大速度(王艳君等,2014)。

2.3.3　其他孕灾环境

2.3.3.1　地形地貌

不同的地形对暴雨形成灾害的影响是不同的。高原和山地由于其阻挡作用,常常会形成绕流和爬流等,易于引发暴雨。同时,高原和山地在暴雨的作用下,最易诱发滑坡和泥石流等次生灾害。盆地和山间平川地带一般来说地面坡度较大,沿河多为阶梯台地,排水条件较好,洪水浸没范围有限,不至造成重大灾害。然而,如果遇到高强度、大范围的暴雨,尤其是持续性大暴雨,就容易发生严重灾害。平原地区由于其地势平坦,面积辽阔,较少发生以冲击性为主的山地灾害,而以慢渍型的涝灾为主。平原地区经济发达,人口密集,一旦发生暴雨,造成的经济损失和对社会生活的破坏程度很严重。

地形走势对暴雨成灾也有重要的影响,我国地势西高东低,形成三个阶梯:最高一级为海拔 4000 m 以上的青藏高原,地处内陆,降水量稀少,基本不存在暴雨灾害;第二级主要由各大高原组成,包括内蒙古高原、黄土高原、云贵高原等,高原和山系会对气流产生阻挡作用而产生暴雨等强烈的降水,特别是其土质疏松、山石裸露等,在暴雨等强降水过程的冲刷下,很容易发生泥石流和滑坡等;在大兴安岭、太行山、巫山和雪峰山以东地区为我国的第三阶梯,主要由大平原和丘陵组成,包括东北平原、华北平原和长江中下游平原等,这些地区多为人口聚居的政治、经济和文化中心地区,暴雨的频发,加之地势平坦,很容易造成洪水和渍涝灾害,对社会和经济造成巨大的损害。

2.3.3.2　河流、水系

河网的分布很大程度上决定了某区域遭受洪水侵袭的难易程度,一旦连续性暴雨出现,大量的降水就汇流入河,造成河水暴涨泛滥,距离河道、湖泊水库等越近,则发生洪涝的风险越高。

2.3.3.3　植被

高密度的植被覆盖能加强对降水的吸收,有效地缓解暴雨积涝的破坏作用。对暴雨积涝而言,植被覆盖度越大,对降水的滞留作用越强,则暴雨积涝的危险性越小(耿焕同等,2015)。

一方面植被可以截留降水,且枯枝落叶层也能吸收大量水分;另一方面,植被覆盖的土壤渗透性好,蓄水性好。

2.4 灾害调查现状

2.4.1 相关标准

关于暴雨洪涝方面的标准有《降水量等级》(GB/T 28592—2012)、《暴雨灾害等级》(GB/T 33680—2017)、《水文调查规范》(SL 196—2015)和《洪涝灾情评估标准》(SL 579—2012)等。

2.4.2 工作现状

2.4.2.1 调查开展机构

目前,针对暴雨洪涝灾害开展调查较多的为水利部门和气象部门,也有地质部门针对暴雨洪涝形成的地质灾害进行调查。如:2016 年 7 月,武汉区域气象中心针对 6 月 30 日开始的湖北省第 4 轮暴雨洪涝灾害,调查组先后对鄂东北重灾区新洲、黄陂、麻城及红安开展了暴雨洪涝灾情调查评估。2017 年 8 月,水利部黄河水利委员会水文局开展无定河暴雨洪水调查。2018 年 5 月,广东江门水文局开展阳西县灾后暴雨调查。

2.4.2.2 业务规定和工作制度

2008 年 5 月中国气象局印发了《全国气象灾情收集上报调查和评估规定》和《全国气象灾情收集上报技术规范》,将气象灾情收集上报调查和评估工作纳入了日常业务。

2013 年,气象部门启动了全国暴雨洪涝灾害风险普查工作,修订完善了《全国暴雨洪涝灾害风险普查技术规范》。国家气候中心联合安徽、湖北、江西、福建等省编写完成《山洪灾害实地调查指南》和《暴雨洪涝灾害致灾临界(面)雨量技术指南》,并在全国推广应用,各级气象部门均先后开展暴雨洪涝灾情调查评估及暴雨洪涝风险评估工作。如:2015 年,云南省气候中心制定了《云南省暴雨洪涝灾害风险普查工作方案》《云南暴雨洪涝风险普查资料采集指南》。

2018 年 1 月安徽省气象局印发了《安徽省气象灾害调查业务管理规定(试行)》,进一步规范安徽省气象部门气象灾害调查工作。

2.4.3 调查内容和方法

2.4.3.1 监测手段

通过查看天气图、气象雷达、气象卫星等气象资料调查分析天气条件。双多普勒雷达可以同步、加密扫描覆盖的区域,重点监测追踪梅雨锋内的中尺度云系的降水强度,含水量及风场等气象要素的三维结构。利用 GPS 观测网,可以连续接收卫星发出的电磁波信号,获得大气柱水汽含量的时变信息。风廓线仪可随时探测高空风场。地面气象站,用来实时监测采集风向、风速、降水、温度、相对湿度等气象资料。通过水文站获取水文信息,通过风廓线雷达、移动监测站对雨情进行探测。

2.4.3.2 调查内容

包括受灾区域灾情情况,导致灾害的气象、水文因素,灾害发生的环境因素以及历史灾情等。

(1)灾情描述

1)人员伤亡情况:因暴雨洪涝导致的死亡人口、受伤人口、失踪人口,人员受伤害方式、程度,转移人口数量。

2)农业受损情况:农田淹没面积、水深,农作物、果树林木等经济作物受损程度、面积。

3)建(构)筑物受损情况:居民房屋受淹倒塌、受损数量及程度,堤岸、路基、桥梁被破坏数量及程度。

4)交通运输受影响情况:破坏铁路、道路、航道情况,运输中断时间,引发交通事故情况。

5)破坏水利工程情况:垮坝数量,排、灌渠道冲毁情况,水利发电设施破坏情况。

6)工业生产受损情况:厂房进水、物资设备受淹情况。

7)生命线工程受损情况:电力、水利、供气、通信设施受损情况,水、电、气和通信中断时长。

8)其他损失。

(2)气象因素、水文因素

1)气象因素:天气系统、气温、风速、风向、气压、降雨量、降雨强度、暴雨日数、土壤含水量。

2)水文因素:河流水位、流量、洪水历时、淹没深度、淹没面积、洪水重现期。

(3)环境因素

1)灾害发生地行政区域、经纬度、海拔高度。

2)灾害发生地所属流域、水系。

3)灾害发生地的地形地貌、水域分布等情况。

4)灾害发生地主要产业(农林牧渔等)分布。

(4)历史因素

历史暴雨洪涝灾害资料应包括雨情、水情记载、灾害损失、影响人数、水毁工程等;水灾发生时段,淹没信息(分布、水深、面积、淹没历时等)。

2.4.3.3　调查方法

(1)实地调查:对灾害现场进行实地调查,包括承灾体受损情况、暴雨洪涝淹没情况。通过工具在灾害现场进行测量,如淹没深度;对灾害现场拍摄现场照片或进行录像,对典型破坏物象,宜近距离拍照并进行测量。

(2)采访询问:对灾害目击者、受灾人员进行现场采访,询问灾害发生及影响情况,并进行录音或录像。

(3)查阅资料:查阅气象、水文观测资料,获取灾害发生时气象、水文信息;查阅其他部门资料获得灾情信息。

(4)联合调查:由于暴雨洪涝灾害致灾因子的多样性,必要时可联合农业、水利、地质部门开展调查。

2.5　灾害调查案例

【2017 年安徽南部暴雨洪涝】

(1)受灾情况

2017 年 6 月 23—24 日,安徽皖南山区及沿江江南普降大到暴雨,其中池州、黄山、安庆和宣城市出现大暴雨,多个区县遭受较严重暴雨洪涝灾害,尧渡河、黄溢河、秋浦河、新安江、练江、阊江共6条河流先后发生超警戒水位洪水。据民政部门(截至6月25日11时)统计:黄山、池州、宣城和安庆等地受灾人口38.8万人,因灾死亡1人,紧急转移安置人口1.4万人,农作物受灾面积2.54万 hm²,倒塌房屋20间,严重损坏房屋90间,一般损坏房屋405间,直接经济损失4.9亿元,其中农业损失2.3亿元。

(2)致灾机理分析

1)气象因素

6月21日,安徽省江南进入梅雨期,23日大别山区南部和江南出现集中强降水,黄山市、池州南部、宣城南部和安庆南部出现暴雨到大暴雨,小时雨强30~50 mm,东至许村最大,为65.9 mm。23日06时—25日08时有341个乡镇累计降水量超过50 mm,221个乡镇超过100 mm,8个乡镇超过250 mm,祁门闪里镇最大,为301.7 mm。雷达强回波位于皖南南部,呈东西向带状区域分布,与雨带位置对应。

2)承灾体分析

暴雨洪涝灾害主要造成当地水稻、玉米、蔬菜及烟叶等农作物和经济作物倒伏和被淹;部分桥梁倒塌、路面破坏、滑坡及泥石流,致使交通堵塞;多地乡镇电力及通信中断。此次灾情共计死亡1人。死者于6月24日上午私自前往水库坝下河段捞取水库溢库之鱼。因河水湍急,此人年事已高,体力不支,被洪水冲走溺水身亡。

(3)历史情况调查

中华人民共和国成立以来,安徽皖南地区发生较严重的暴雨洪涝灾害年份为:1954、1959、1960、1966、1970、1972、1980、1982、1983、1990、1993、1994、1995、1996、1998、2001、2002、2003、2006、2008、2013年,此次暴雨洪涝灾害造成的损失未超过历史极值。

第3章 干 旱

3.1 概述

3.1.1 定义

干旱灾害是指某一具体的年、季或一段时期的降水量异常偏少和温度异常偏高等气象要素变化作用于农业、水资源、生态和社会经济等人类赖以生存和发展的基础条件,并对生命财产和人类生存条件造成负面影响的自然灾害(Houghton 等,2001)。

干旱事件不同于干旱气候。干旱气候是由气候、海陆分布、地形等相对稳定的因素在某个相对固定的地区形成的常年水分短缺现象,包括极地气候、沙漠气候等。多分布在副热带地区、高纬度地区、内陆地区以及荒漠带的腹地。

干旱通常分为以下几类。

(1)气象干旱:指某时段内,由于蒸发量和降水量的收支不平衡、水分支出大于水分收入而造成的水分短缺现象(GB/T 20481—2006《气象干旱等级》)。

(2)农业干旱:主要涉及土壤含水量和作物生理生态。在长期无雨或少雨的情况下,由于蒸发强烈,土壤水分亏缺,使农作物体内水分平衡遭到破坏,影响正常生理活动,使生态发育受限,造成损害(张强等,2017)。

(3)水文干旱:主要指由地表径流和地下水位异常造成的水分短缺现象(张强等,2017)。

(4)社会经济干旱:由自然降水系统、地表和地下水量分配系统及人类社会需水排水系统这三大系统不平衡造成的异常水分短缺现象(张强等,2017)。

(5)生态干旱:干旱气象条件导致区域水热条件发生显著改变,部分生物群落结构发生变化,从而影响生态系统演替过程。极端气象干旱对以水分为主导的生态系统植物群落结构影响明显,加速植被向干旱灌丛以至稀草坡、荒漠化发展,影响生态系统演替过程。极端干旱还导致石漠化程度加剧,发育在岩溶地貌环境上的生态系统发生逆向演替,水土保持与涵养能力下降(张强等,2017)。

各类干旱之间的关系参见图 3.1。

3.1.2 等级划分

干旱通常分为无旱、轻旱、中旱、重旱、特旱 5 个等级(GB/T 20481—2006《气象干旱等级》)。

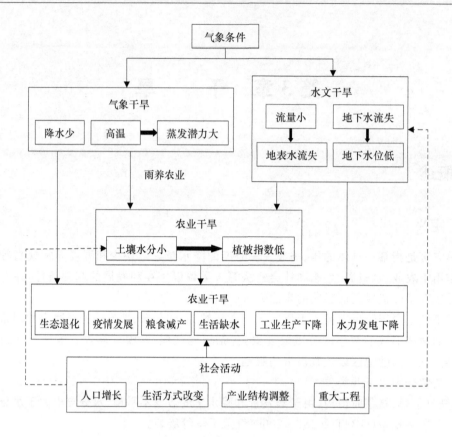

图 3.1　各种类型干旱的相互关系(引自张强等,2017)

3.2　灾害分布特征

3.2.1　空间分布特征

　　由于受季风环流的影响,我国干旱发生频繁,且空间差异较大。东北的西南部、西北地区东部、黄淮海地区、四川南部和云南是干旱发生频率最高的地区;内蒙古东部、东北中部和华南南部等地干旱发生频率也较高;长江以南和华南南部以北之间的区域干旱发生频率较低。

3.2.2　时间分布特征

3.2.2.1　年变化

　　我国大部分地区干旱发生频率大约为 2～3a 一遇,但华北和西南地区干旱发生频率随季节变化较大,这两地区春季干旱发生频率可达三年两遇,其次是长江、淮河流域,夏季干旱也时常发生(黄荣辉等,1997)。而且,由于受东亚夏季风年际变化的影响,我国旱涝灾害发生有明显的年际变化。我国降水异常明显地呈经向三极子型分布,在 1980 年、1983 年、1987 年、1998 年夏季,我国江淮流域夏季风降水偏多,而华南地区降水偏少,发生不同程度干旱,华北地区降水也明显偏少,发生干旱。1976 年、1994 年夏季,我国江淮流域夏季的季风降水偏少,发生干旱,而华南和华北地区降水偏多,发生洪涝。

气象灾害造成的经济损失约占各种自然灾害总损失的 70% 以上,而干旱灾害造成的经济损失又占气象灾害造成损失的 50% 左右。1949—2010 年,我国干旱灾害受灾面积变化具有明显的阶段性(图 3.2)(张强等,2017)。受旱区域变化较明显,西南尤其突出(吕娟等,2011)。

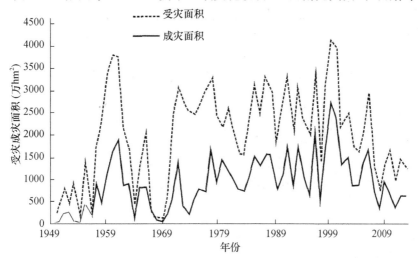

图 3.2 全国历年干旱受灾成灾面积变化(引自张强等,2017)

3.2.2.2 月变化

由于受东亚季风的影响,我国降水和气温变化在时空分布上存在着严重不均匀,这使得旱涝气象灾害出现的频率随季节和地理位置而变化。从干旱发生的时间来分类,可分为春、夏、秋、冬旱及季节连旱等类型:

(1)春、夏旱——主要发生在黄淮海地区和西北地区;

(2)夏、秋旱——发生区转移至长江流域,直至南岭以北地区;

(3)秋、冬旱——发生区移至华南沿海;

(4)冬、春旱——发生区再由华南扩大到西南地区。

3.3 成因分析

3.3.1 气象条件

3.3.1.1 天气系统

(1)东亚夏季风和印度夏季风强弱、进退和停留与我国各地发生的干旱有密切联系(丁一汇等,2003)。例如,南海夏季风爆发早,将引起江淮流域和长江中、下游夏季风降水偏少,并往往伴有干旱发生。

(2)西太平洋副热带高压的季节变化、东西振荡以及南退北进是影响我国江淮流域、华北和东北地区是否发生干旱的原因之一。

(3)青藏高原天气尺度系统和下垫面热力状况的变化与干旱区域的分布和强度变化也有关联(李栋梁等,2008)。当高原东部凝结潜热增强时,可引起北半球同纬度带的位势高度场偏低,西太平洋副高偏弱,位置偏南,我国长江流域汛期降水偏多,西北区东部、华北、东北区南部及华南降水偏少。

(4)热带太平洋海温异常是造成全球相关地区持续性干旱的重要原因,当赤道中、东太平洋海温处于上升阶段时,我国黄河流域和华北地区易发生干旱;反之,则淮河流域易发生干旱;而当西太平洋暖池的海温偏高时,长江中下游地区和淮河流域的降水往往偏少(黄荣辉等,2005)。

3.3.1.2 气象要素及影响因子

许多学者基于气温、降水量、蒸发等多种干旱灾害致灾因素,发展了一些致灾因子的综合表征指标。

(1)气象干旱指数

单因子指标——包括降水距平百分率、无雨日数、标准差指数、标准化降水指数、Z 指数、土壤湿度等。

多因子指标——主要包括 PDSI 干旱指标、相对湿润度指数和综合气象干旱指数等。

(2)农业干旱指数

土壤干旱指标——土壤相对湿度、土壤有效水分储存量指标。

作物干旱指标——作物水分胁迫指数、水分亏缺指数、水分距平指数。

(3)基于遥感的生态干旱指数

主要用于生态干旱监测,包括植被条件指数、温度状态指数、温度植被干旱指数、条件植被温度指数、植被供水指数等。

3.3.2 承灾体

3.3.2.1 主要影响行业

干旱灾害影响的主要行业具体包括农业、牧业、工业、城市、人类和生态环境等,见图 3.3(彩)。

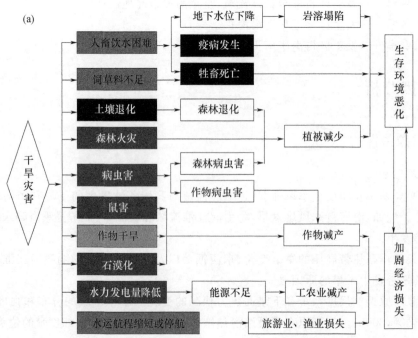

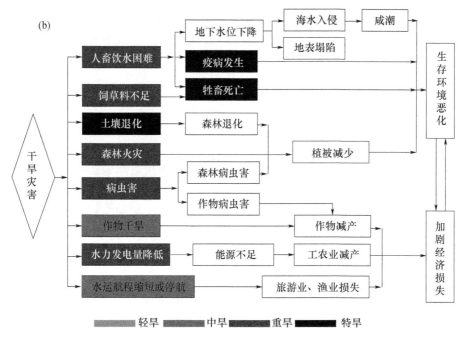

图 3.3(彩)　干旱灾害链(色标表示达到此等级干旱,旱灾可影响到相应的承灾体)

(a)西南;(b)华南(引自王劲松等,2015)

3.3.2.2　暴露度

承灾体暴露度主要通过农作物、畜牧、城市、人口等因素来体现。具体指标包括种植面积比例、水田面积比例、产量、减产率、人口密度、贫困人口比例、性别比例、受灾面积、受灾率、农业产值、人均收入、水资源量等。目前,主要以农业区域为对象或以农户为对象开展干旱灾害暴露度评估(陈家金等,2012;王素艳等,2005)。

3.3.2.3　脆弱性

承灾体脆弱性评估指标一般为人类及社会经济实体,具体包括农业、牧业、工业、城市、人类和生态环境等。与干旱灾害风险有关的脆弱性指标包括植物和人的抗旱性、人均生活用水量、易旱耕地比率、农业旱灾损失率、农作物耐旱指数、作物需水量指数、大牲畜占总牲畜数比例等(张强等,2017)。

3.3.3　其他孕灾环境

一个地区的孕灾环境是由当地的气候背景、下垫面状况、地貌类型、土壤类型、河网分布等要素构成。它是干旱灾害链状传递的环境条件,可以起到放大或缩减干旱灾害损失或其影响的作用。干旱灾害的孕灾环境主要有:

(1)农业干旱——地形、地转风、植被覆盖度、田间持水量、土壤类型等(王志春等,2012)、粮食作物种类、品种、种植比例和土壤环境(张强等,2017);

(2)草原牧区干旱——坡度、植被覆盖度、草地类型、土壤类型和地下水资源富水程度等(戴策勒木格,2014)。

3.3.3.1 地形地貌

地形对干旱有着直接的影响,与干旱孕灾环境的敏感性密切相关,主要表现在地形变化的程度和海拔高度两个方面。海拔高度越高,地形起伏越大,则越容易发生干旱。地形起伏的大小通常用坡度来表示,该文在研究地形特征对干旱孕灾环境敏感性的影响时考虑的是栅格单元相邻范围内的高程相对标准差,以此取代坡度。得到的高程标准差的值越大,高程波动的范围也就越大,地形也就越不平坦,这样就越容易形成干旱,因此,可以用高程标准差来衡量地形的起伏程度(王鹏等,2014)。

3.3.3.2 河流、水系

河网分布对干旱孕灾环境的敏感性有着决定性作用,四川东部地区的河网密度分布相较于西部地区高,由于东部地区地形平缓,河流相对比较集中,该地区的环境易于作物的生长,发生干旱时可以依靠河流中的水对水稻予以人工灌溉,因此该区域孕灾环境敏感性较弱。川南地区河流的分布相对较少,川西高原由于地形起伏大,河网分布较为不均匀,不利于人工灌溉作物(王鹏等,2014)。

3.3.3.3 植被

植被对抑制和减缓干旱灾害具有重要的作用。良好的植被覆盖度有涵养水源、调节水量、减少地表径流量等作用,可以有效地减轻干旱导致的灾害(姚玉璧等,2013)。

3.4 灾害调查现状

3.4.1 相关标准

关于干旱方面的标准有《气象干旱等级》(GB/T 20481—2017)、《北方牧区草原干旱等级》(GB/T 29366—2012)、《农业干旱等级》(GB/T 32136—2015)、《干旱灾害等级》(GB/T 34306—2017)、《冬小麦灾害田间调查及分级技术规范 第1部分:冬小麦干旱灾害》(NY/T 2283.1—2012)、《南方水稻季节性干旱灾害田间调查及分级技术规程》(NY/T 3043—2016)和《旱情等级标准》(SL 424—2008)等。

3.4.2 工作现状

3.4.2.1 调查开展机构

针对干旱灾情开展调查较多的为气象、农业、林业等部门,也有气象、农牧、民政部门联合开展调查。2009年中国气象局派出调查组深入太原、晋中、武乡、长治等地实地调查了解发生的严重干旱情况。2014年8月内蒙古自治区气象局派出旱情调查组赴乌兰察布市干旱区域就农作物和牧草长势进行实地调查。2017年7月,同德县成立灾情收集调查组,县气象局联合农牧、民政等部门组成调查组深入尕巴松多镇科加村,唐谷镇地干村等干旱严重地区调查灾情。

3.4.2.2 工作规定和制度

主要有《中华人民共和国抗旱条例》(2009,国务院令第552号)和《国家防汛抗旱应急预案》。部分省也相继发布了《干旱灾害应急预案》,如2015年陕西省发布了《陕西省防抗干旱灾害应急预案》,其中规定了各级气象、水文、农业、城建等部门应加强天气形势的监测和预报,旱情信息主要包括:干旱发生的时间、地点、程度、受旱范围、影响人口,以及对工农业生产、城乡生活、生态环境等方面造成的影响。2015 年黑龙江省发布了《黑龙江省干旱灾害应急预案》,其中规定了由农委、水利、气象等相关单位抽调专家组成专家组,指导旱区开展抗旱救灾工作。

2008 年 5 月中国气象局印发了《全国气象灾情收集上报调查和评估规定》和《全国气象灾情收集上报技术规范》,将气象灾情收集上报调查和评估工作纳入了日常业务。

2018 年 1 月安徽省气象局印发了《安徽省气象灾害调查业务管理规定(试行)》,进一步规范安徽省气象部门气象灾害调查工作。

3.4.3　调查内容和方法

3.4.3.1　监测手段

(1)地面监测

干旱地面监测主要针对气象干旱、水文干旱、农业干旱和社会经济干旱开展工作。监测项目主要以水为主线,监测手段主要以各类设备适时监测为主,同时开展相关的调查工作。监测结果主要以各类干旱监测指数及文字描述形成干旱监测公报,以专题报告形式提供给政府决策部门,并通过网络、电视及其他手段向公众发布;监测资料同时为科学研究提供基础数据(李克让等,1999;张强等,2011)。

在确定了干旱监测指标的基础上,利用实时地面观测的干旱要素资料或数值模式资料,定量计算出当前干旱指标值,并以此来客观地评价干旱强度和范围的过程。

(2)遥感监测

主要是通过监测植被、地表温度、热惯量等的变化来间接监测干旱。包括:

1)基于地物反射光谱的干旱监测(可见光-近红外波段、近红外-短波红外);

2)基于植物吸收性光和有效辐射分量的干旱监测;

3)基于热红外遥感干旱监测;

4)基于植被指数与地表温度组合的干旱监测;

5)干旱监测综合模型。

3.4.3.2　调查内容

(1)气象因素

包括产生干旱事件的大气环流形势,气候背景,天气实况(降水、气温、蒸发量)等。

(2)环境因素

包括土壤类型,土壤重量含水率,土壤田间持水量,土壤相对湿度,实际灌溉水量,城镇实际日供水量等。

(3)承灾体

不同地型的作物生长状况(长势、植株高度、叶龄等),土壤墒情,播种进度,病虫害情况;耕地、草场受旱面积;库塘蓄水量,河道水位;人畜饮水困难数,城镇缺水量;政府抗旱应急措施等多方面信息。

(4)调查分析评估

对未来一段时间内干旱可能带来的影响进行分析评估,提出建议。

3.4.3.3 调查方法

由气象和农(牧)业部门联合开展实地考察、问卷调查法、访问法等。实地考察法就是深入受灾区域的居民家中、田间地头进行实地考察,掌握第一手数据。问卷调查法就是对农民们进行问卷式调查,目的是了解当地农民的生活用水情况和灌溉农田的措施等。访问法就是向当地政府人员及当地农民了解受旱情况。

3.5 灾害调查案例

【2011—2012 年攀枝花市干旱调研报告】

(1)旱情损失

2011—2012 年攀枝花干旱是在干季气候背景下,因长时间少雨而形成的持续时间长、影响范围广、旱灾程度深的异常气候事件。特别是南部片区从 2011 年 9 月下旬后期开始出现了持续 240 余天的"秋冬春夏四连旱"。据统计,截至 2012 年 4 月 30 日,全市农作物受旱 19.83 万亩*,受灾 13.40 万亩,成灾 10.98 万亩,经济损失达 1.62 亿元。全市水利工程蓄水量仅为常年同期的 34.05%。境内多数溪沟断流,大量井窖、水塘和水库干涸,16.1 万人和 11.88 万头牲畜出现饮水困难。

(2)干旱成因

1)大气环流形势

攀枝花干旱是发生在常年干季中又叠加了不利于降水的环境异常所致。攀枝花受西南季风影响,常年 12 月至次年 3 月是气候上降水的低谷,月雨量仅为 4~7 mm,成为真正意义上的干季。攀西地区干季的降水水汽主要来自于西南部海洋,但水汽输送的高度比较低,干季西南地区有一地形槽,在天气图上多表现为昆明静止锋,只有在南来的低层暖湿气流和北来的冷空气相遇时才有可能增加降水,但这种机会在攀西干热河谷地区是很难出现的。在干季中,攀西地区上空的西风稳定存在,下层秉性干热,加上地形地貌复杂,山高谷深,冬半年南下的冷空气很难抵达这一地区,而南下(北上)的干燥气流均可在河谷区产生下沉减湿(增温)作用,使河谷地区干旱加重。2011 年秋至 2012 年初夏海洋环境就不利于水汽输送,与干季合拍加强了干旱的发生和发展。

2)承灾体因素

从旱情表现的种种差异,无不彰显出社会经济发展中人为活动的"烙印"。如经济林果的大面积种植和高新工业园区建设,加大了本地用水需求;野蛮开采矿产资源、过度开发水土资源,使水土流失、溪河断流、地下水位下降、生态环境恶化;水利骨干工程缺乏(全市仅有 4 座中型水库和 177 座小型水利工程)、水利基础设施建设滞后,不能最大限度地拦蓄丰水年汛期降水,无法实现丰枯年份水源调剂,农业靠天吃饭的局面还没有得到根本改变;金沙江、雅砻江有丰富的过境水资源(1104.91 亿 m³),但由于地处峡谷之中,提灌成本高而得不到有效利用等。攀枝花工程性缺水、水源性缺水是个现实问题,是一个严重缺水型城市。

---

* 1 亩≈666.67m²

第4章 飑 线

4.1 概述

飑线是指突然发生的风向突变,风力突增的强风现象。它是一条雷暴或积雨云带,其水平范围较小,长度由几十千米到几百千米,宽度由不足 1 km 到几千米,垂直范围一般只有 3 km,时间尺度由 4 h 到 18 h 不等。飑线可出现雷暴、暴雨、大风、冰雹和龙卷等剧烈天气,并同雷暴过境时一样,一般会出现风向突变,风速急增,气压和气温剧变的现象(温克刚等,2007)。

4.2 灾害分布特征

4.2.1 空间分布特征

我国的飑线多发生在河北、黑龙江、陕西、河南、山东、安徽、湖北、湖南、广东等地(丁一汇等,1982;李娜等,2013;周昆等,2016)。华北、黄淮地区的飑线多自西北向东南移动,在出现雷暴大风的同时常伴有冰雹,而江南、华南地区有的飑线却自东南向西北移动,除了地面大风是其灾害天气之一外,还出现短时强降水(周昆等,2016)。

4.2.2 时间分布特征

4.2.2.1 月变化

表 4.1 区域气象站记录的飑线次数月分布(1975—2005 年)

台站	1月	2月	3月	4月	5月	6月	7月	8月	9月	10月	11月	12月	全年
大冶	0	0	0	9	12	12	22	16	4	0	0	0	75
蒲圻	0	0	0	2	4	1	4	6	2	0	0	0	19
崇阳	0	0	0	0	0	0	0	0	0	0	0	0	0
咸宁	0	0	0	1	0	0	0	0	0	0	0	0	1
通山	0	0	0	0	0	0	0	0	0	0	0	0	0
黄石	0	0	3	22	19	23	63	57	12	0	1	1	201
阳新	0	0	0	1	0	1	0	0	0	0	0	0	2
江夏	0	0	0	1	1	1	4	2	0	0	0	0	9
嘉鱼	0	0	1	1	4	1	10	5	1	0	0	0	23

台站	1月	2月	3月	4月	5月	6月	7月	8月	9月	10月	11月	12月	全年
修水	0	3	11	32	20	24	44	38	11	6	2	0	191
武宁	0	0	2	9	9	7	17	16	3	11	1	0	65
合计	0	3	17	78	69	70	164	140	22	17	4	1	586

由表4.1可见,一年中,该区域内飑线发生季节从多到少的顺序是夏季、春季、秋季、冬季。其中夏季达到374次,占全年的63.8%,春季164次,秋季54次,春季发生次数是秋季的3倍,冬季仅4次,只是偶有发生。从月份看,全年呈单峰型,4月开始明显增多,9月以后明显减少。49个月的6个月中,达到554次,占总数的94.5%。峰值在7月、8月,这两个月占全年的一半以上,1月则没有记录。可见飑线和龙卷一样,主要发生在热力作用明显和对流强烈的季节。

4.2.2.2 日变化

一日内,飑线大部分出现在下午至傍晚时刻,即12时以后的12 h,共243次,占全天的86.2%,尤其是14时至19时59分的6 h,就有182次,占全天的64.5%,平均每小时内有20次以上,最多的是15—17时,均在30次以上,这个集中时间与龙卷基本相吻合。00时至11时的12 h内,仅39次,最多每小时只有6次,最少仅1次,最少时同段在03—06时,每小时均不超过3次(图4.1)。说明一天内,地面接收太阳辐射后,下午02—03时温度达到最高,午后近地层感热输送达到最大,热气流上升,有利于强对流系统的生成或加强(陈正洪等,2010)。

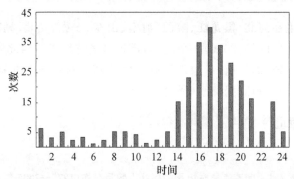

图4.1 区域气象站记录的飑线总数日内分布

(时段15表示15时至15时59分)(引自陈正洪等,2010)

4.3 成因分析

4.3.1 气象条件

4.3.1.1 天气系统

与飑线有关的中尺度天气系统叫飑中系统,它包括雷暴高压、飑线、飑线前低压和尾流低压等中系统,经常出现在强风暴天气过程中。飑中系统可以发生在冷锋前或暖锋后的暖气团中也可以发生在冷锋后或暖锋前的冷气团中,或发生在冷(暖)锋上。

4.3.1.2 气象要素及影响因子

对流性天气发生时,通常出现雷电、阵雨、阵风等天气现象以及气压、气温、空气湿度等气象要素的变化。对流性天气的发生、发展和消亡受很多因子的影响,其中主要有对流不稳定、水汽条件、垂直抬升运动、500 hPa 高度槽、切变线、地面锋、地形等,而对流性天气发生的一般条件是:丰富的水汽、不稳定的大气层结和气块抬升到凝结高度。强对流天气发生的条件有:位势不稳定层结,并常有逆温层存在;低层有湿舌或强水汽辐合;有使不稳定能量释放的机制(如低空辐合区、重力波、密度流、地形等);常有低空急流存在;强的风垂直切变;环境干冷空气。另外,还有一些条件会引起雷暴,包括:加热作用;弧状云线与其他边界的相互作用;由陆水界面产生的对流发展;海陆加热差异造成沿岸水汽水平辐合;海岸线外形影响海风的辐合强度等。

4.3.2 承灾体

飑线造成的风压对建筑物、电力、通信线路及其支承塔架均可能带来危害。

垂直于建筑物表面上的风荷载标准值计算见《建筑结构荷载规范》(GB/T 50009—2012),对电力、通信线路及其支承塔架带来的风压危害见《110 kV～750 kV 架空输电线路设计规范》(GB 50545—2010)。

4.3.2.1 主要影响行业

(1)对交通的危害

对航空运输而言,强大的与跑道方向垂直的侧风会对飞机的起降造成滑出跑道或倾斜的危险,飞机所能承受的侧风临界值为 9～12 m/s。下击暴流能造成飞机失事等。在公路运输方面,飑线等携带大量雪粒或沙粒的天气现象,影响汽车行驶的视线和速度,导致事故增加、车辆晚点,甚至中断交通。而在铁路上,大风对铁路桥梁、车辆、电讯设备、线路等都可能造成危害。强风可导致列车晚点,甚至可使列车倾覆。在海洋或内河中航行的船只,大风可能导致船舶倾覆;在复杂的航道上,大风会使船舶偏航造成触碰。

(2)对电力、通信线路的危害

飑线等强对流过程造成的风压对电力、通信线路及其支承塔架可能带来危害,造成倒塌、电线断裂而导致线路中断,尤其当同时存在电线积冰时危害最大。

(3)其他方面的危害

在城市建设方面,飑线会影响建筑施工的安全,可损坏建筑物的结构,造成房屋倒塌,危及人的生命安全。此外,在农业生产上,会造成作物和林木倒伏、折干、断枝、落叶、拔根、擦伤花器、落粒掉果等。

4.3.2.2 暴露度

飑线灾害的暴露度主要计算指标考虑耕地面积、人口、房屋数量和 GDP(章国材,2014)。一般而言,风灾和人口密度、建筑房屋、经济损失等密切相关,人口越多的地方,房屋建筑相对较多,当风灾发生时,损失相对较大。值得注意的是,大城市人口虽然众多,但其防灾设施及其抗灾能力远远强过一般县市,故在人口密度对承灾体影响中将其易损度考虑为低值。

4.3.2.3 脆弱性

灾害是承灾体与致灾因子相互作用的结果,致灾因子是灾害形成的必要条件,然而若没有灾害作用对象,即承灾体,就无灾害可言。脆弱性是指受到不利影响的倾向或趋势。所以,自然灾害的损失是致灾因子和承灾体共同作用的结果,在飑线灾害中,除了大风、冰雹等致灾因子外,承灾体的脆弱性是造成灾害的重要因素之一。根据灾害损失的特点,同时也由于其他数据难以获取,以人口密度因子描述承灾体的易损状况,在一般地区,人口密度与建筑房屋、经济损失等密切相关,人口越多的地方,房屋建筑相对较多,当灾害发生时,损失相对越大。大城市人口虽然众多,但其防灾设施及其抗灾能力远远强过一般县(市),故在人口密度对承灾体影响中将其易损度考虑为低值。

4.3.3　其他孕灾环境

4.3.3.1　地形地貌

各类强对流天气形成的物理过程是不完全相同的,对流天气易于在某些特定的地区形成和发展,如山脉两侧、海陆边界、湖泊周围、沼泽地带等,这与下垫面的动力和热力作用的影响有很大的关系。

大量的观测事实表明,地形对强对流天气会产生影响。山区周围地形复杂多变,存在热力、动力影响。它们可能造成阻塞作用、狭管效应、绕流、越山气流以及不同的加热或冷却、不同的摩擦、造成局地辐合、辐散和垂直运动等(寿绍文等,2003)。

4.3.3.2　植被

王蝶等模拟了黄山地区一次暴雨个例,结果表明,植被覆盖度的降低,使得黄山地区对流明显减弱,对流高度下降,中心值降低,不利于云和降水的形成和发展。植被覆盖度的增大对黄山地区地表的热通量的贡献较大,低层大气产生了一定的增温效果,这将使低层大气的不稳定度加大,有利于对流云和降水的产生和加强(王蝶等,2012)。

4.4　灾害调查现状

4.4.1　相关标准

关于飑线方面的标准有《海上大风预警等级》(GB/T 27958—2011)、《建筑结构荷载规范》(GB/T 50009—2012)和《公路桥梁抗风设计规范》(JTG/T D60—01—2004)等。

4.4.2　工作现状

4.4.2.1　调查开展机构

我国的各级气象、农业等部门联合开展了飑线等强对流造成的灾害调查。2018年睢县气象局联合农业局就农作物和基础设施受灾情况及时开展调查。针对2015年"东方之星"号客轮翻沉事件,经国务院批准,成立了由安全监管总局、工业和信息化部、公安部、监察部、交通运输部、中国气象局、全国总工会、湖北省和重庆市等有关方面组成的国务院"东方之星"号客轮翻沉事件调查组。

4.4.2.2　业务规定和工作制度

2008年5月中国气象局印发了《全国气象灾情收集上报调查和评估规定》和《全国气象灾

情收集上报技术规范》,就气象灾情收集上报调查和评估工作纳入日常业务。

2018 年 1 月安徽省气象局印发了《安徽省气象灾害调查业务管理规定(试行)》,进一步规范安徽省气象部门气象灾害调查工作。

4.4.3　调查内容和方法

4.4.3.1　监测手段

在监测体系中,主要包括常规雷达、地面自动观测站、探空、风廓线仪、卫星遥感等,雷达凭借其高时空分辨率和广覆盖率的优势,是监测强对流天气的"主力军",高分辨率卫星可观测闪电、大气湿度等,让强对流天气监测更加快捷有效。

4.4.3.2　调查内容

(1)受灾区域基本情况

从自然背景信息和社会背景信息两个方面入手调查基本信息。

1)自然背景信息:指受灾区域的自然致灾因子、孕灾环境等,主要包括气象(气象台站概况、卫星雷达风廓线仪探测资料、地面观测资料、大气环流、气候背景),水文,地形地貌,地质,植被,历史受灾等信息。

2)社会背景信息:即承灾体信息,主要包括人口数量和年龄结构、居民住房信息、农作物种植结构和面积、区域经济发展水平、产业结构和规模等信息。

(2)受灾对象损失情况

从人员、居民房屋与家庭财产、农业、工业、服务业、基础设施、公共服务、资源环境、其他受灾对象 9 个方面开展调查。

4.4.3.3　调查方法

(1)调查手段

调查方法有:现场调查(全面调查、抽样调查、典型调查 3 种类型)、文献调查、访谈调查,宜采用现场测量、拍摄、录像、录音、现场记录和资料拷贝等方式进行。

(2)调查仪器

GPS 定位仪、激光测距仪、数码相机、摄像机、录音笔、无人机。

4.5　灾害调查案例

【2015 年湖北飑线灾害】

2015 年 6 月 1 日约 21 时 32 分,重庆东方轮船公司所属"东方之星"号客轮由南京开往重庆,当航行至湖北省荆州市监利县长江大马洲水道(长江中游航道里程 300.8 km 处)时翻沉,造成 442 人死亡。事件发生后,经国务院批准,成立了国务院"东方之星"号客轮翻沉事件调查组(以下简称"事件调查组")。由安全监管总局牵头,工业和信息化部、公安部、监察部、交通运输部、中国气象局、全国总工会、湖北省和重庆市等有关方面组成,并聘请国内气象、航运安全、船舶设计、水上交通管理和信息化、法律等方面院士、专家参加。调查组通过深入开展谈话问询和勘查取证、调阅材料、计算论证和现场调查情况、目击者笔录等多种资料的基础上,形成了调查结论和灾害调查报告。

此次灾害调查的内容主要包括:(1)事件基本情况(东方之星客轮情况、船舶设计建造改装情况、重庆东方轮船公司及船舶建造单位情况、天气情况、航道水文等情况);(2)事件基本经过;(3)有关情况的调查分析;(4)客轮翻沉事件原因和相关情况;(5)调查中检查出的日常管理问题;(6)防范和整改措施建议。

经过调查组的调查分析,灾害发生的原因为"东方之星"轮航行至长江中游大马洲水道时突遇飑线天气系统,该系统伴有下击暴流、短时强降雨等局地性、突发性强对流天气。受下击暴流袭击,风雨强度陡增,瞬时极大风力达 12~13 级,1 h 降雨量达 94.4 mm。船长虽采取了稳船抗风措施,但在强风暴雨作用下,船舶持续后退,船舶处于失控状态,船艏向右下风偏转,风舷角和风压倾侧力矩逐步增大(船舶最大风压倾侧力矩达到船舶极限抗风能力的 2 倍以上),船舶倾斜进水并在一分多钟内倾覆。调查组还查明,"东方之星"轮抗风压倾覆能力不足以抵抗所遭遇的极端恶劣天气。该轮建成后,历经三次改建、改造和技术变更,风压稳性衡准数逐次下降,虽然符合规范要求,但基于"东方之星"轮的实际状况,经试验和计算,该轮遭遇 21.5 m/s(9 级)以上横风时,或在 32 m/s 瞬时风(11 级以上),风舷角大于 21.1°、小于 156.6°时就会倾覆。事发时该轮所处的环境及其态势正在此危险范围内。船长及当班大副对极端恶劣天气及其风险认知不足,在紧急状态下应对不力。船长在船舶失控倾覆过程中,未向外发出求救信息并未向全船发出警报。

第5章 冰　雹

5.1　概述

5.1.1　定义

冰雹灾害是由强对流天气系统引起的一种严重的气象灾害。冰雹是指坚硬的球状、锥形或不规则的固体降水物（GB/T 27957—2011《冰雹等级》）。在世界范围内，冰雹具有明显的地域和季节分布特征。冰雹是否会造成灾害，不仅与雹块大小、积雹密度、降雹范围和降雹的持续时间有关，还与被冰雹袭击地区的下垫面特征、雹击物体性质、状况有关（段英，2009）。

5.1.2　等级划分

冰雹等级按照冰雹的直径进行划分后的分级，等级划分见表5.1（GB/T 27957—2011《冰雹等级》）。

表 5.1　冰雹等级

等级	冰雹直径 D
小冰雹	$D < 5 \text{ mm}$
中冰雹	$5 \text{ mm} \leqslant D < 20 \text{ mm}$
大冰雹	$20 \text{ mm} \leqslant D < 50 \text{ mm}$
特大冰雹	$D \geqslant 50 \text{ mm}$

对于农业来说，冰雹灾害可分为轻、中、重3级。

对于雹害的轻重，取决于冰雹的破坏力和作物所处的发育期。冰雹的破坏力决定于冰雹的大小、密度和下降的速度。

轻雹害的雹块直径为0.5~2.0 cm；

中雹害的雹块直径2~3 cm，雹块盖满地，农作物折茎落叶；

重雹害的雹块直径3~5 cm或更大，雹块融化后地面布满雹坑，土壤严重板结，农作物地上部分被砸秃，地下部分也受一定程度伤害（段英，2009）。

5.2　灾害分布特征

5.2.1　空间分布特征

青藏高原是最大的一片多雹区。高原以东，大致可分成南北两个多雹带。南方多雹带从云贵高原向东出武陵山,经幕阜山到浙江的天目山,断续地呈带状分布。北方多雹带从青藏高原东北部出祁连山、六盘山经黄土高原和内蒙古高原连接,包括河北省北部、内蒙古自治区东南部和东北三省的一些地区,是全国最宽、最长的一个多雹地带。

另外,年雹日数较多的地方还有天山、秦岭、大巴山、长白山以及沂蒙山区。而大平原、大沙漠、大盆地的年雹日都在1 d以下。

5.2.2 时间分布特征

5.2.2.1 年变化

1961年以来,我国冰雹的高发期出现在20世纪60年代至80年代,90年代以后,冰雹频次明显减少。图5.1为我国降雹日数的年际变化图。

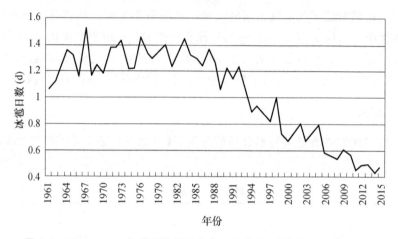

图 5.1 1961—2015 年我国降雹日数年际变化图(引自赵金涛等,2015)

分析各年代雹灾发生次数的空间分布,发现不同时段雹灾空间分布呈明显的地带性差异。1950—1959年雹灾多发区呈南北差异,北多南少,多雹灾区零星分布;1960—1969年雹灾多发区呈东西差异,东部多,西部少,多雹灾区增多;1970—1979年雹灾多发区既有东西差异又有南北差异,呈混合型,多雹灾区范围进一步扩大,中部南北多雹灾区开始连片,四川盆地形成一个多雹灾区,福建出现一个多雹灾区,中间多雹灾轴带开始显现;1980—1989年,是雹灾频发期,雹灾区呈现一轴两翼的格局,东北至西南的多雹灾带为轴,两翼为新疆多雹灾区和江南丘陵多雹灾区,这一时期出现新疆多雹灾区,而江淮平原多雹灾区开始消退,北方平原多雹灾区范围进一步扩展,云贵高原多雹灾区进一步向西南延伸;1990—1999年,多雹灾区分布范围开始缩小,分布格局出现南北差异,北方多南方少,西藏—江两河流域出现多雹灾区;2000—2009年雹灾减少趋势明显,多雹灾区范围很小,存在东西差异,中部多,西部和东部少(赵金涛等,2015)。

5.2.2.2 月变化

由30 a平均的逐月冰雹日数的分布情况可知,雹日主要集中在5—9月,这5个月的总雹日占全年雹日的84%,其中又以6月为冰雹盛行月(图5.2)(张芳华等,2008)。

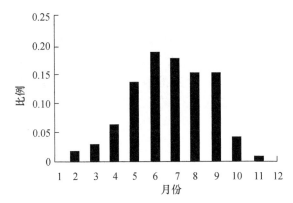

图 5.2 全国逐月雹日占全年的比例(引自张芳华等,2008)

5.2.2.3 日变化

我国降雹多发生在午后(图 5.3)(段英,2009),降雹的日变化可分成以下几种类型。

午后多雹型:我国大部分地区 70%降雹集中在地方时 13—19 时,以 14—16 时最多;世界上大部分降雹也属此型。这反映了局地热力作用在雹暴发生发展中的重大作用。

夜雹型:我国四川盆地往东到湘西、鄂西南一带,受青藏高原影响,夜间降雹比白天多,有些小海岛也常在夏夜出现降雹,这是岛上夜间辐射冷却所致。

中午多雹型:青藏高原不少测站中午 12 时左右多雹,且一日内任何时间都可能降雹。

多峰型:冬雹就属此型,日变化不明显。

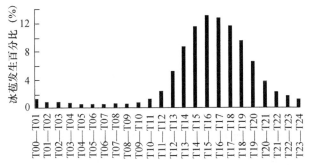

图 5.3 全国 30a 平均一日内逐小时发生冰雹的次数占全天总次数的百分比(引自段英,2009)

5.3 成因分析

5.3.1 气象条件

5.3.1.1 天气系统

引发和影响冰雹的天气系统通常包括:高空冷槽型(槽后降雹和槽前降雹),高空冷涡型(东北冷涡、蒙古冷涡、西北冷涡),高空西北气流型和南支槽型。

5.3.1.2 气象要素及影响因子

对流风暴是强对流天气的"制造者"和"输送者"。而决定对流产生的三个要素是大气层结的垂直稳定性、水汽条件和抬升(触发)机制。可见强冰雹天气也不是随机地发生和分布的,而是明显受到以上三个要素的制约。气象学家引入对流有效位能(Convective Available Potential Energy,简称 CAPE)这个参量来表征大气层结的垂直稳定性和水汽条件,而又考虑到强冰雹在下降过程中的融化效应,加入一个新的因素——0℃层高度,最后把影响强冰雹产生的环境条件归结为以下三个环境参量:(1)对流有效位能;(2)垂直风切变;(3)0℃层高度(吴剑坤,2010)。

5.3.2 承灾体

5.3.2.1 主要影响行业

冰雹每年都给农业、建筑、通信、电力、交通以及人民生命财产带来巨大损失。尤其是山区及丘陵地区,地形复杂,天气多变,冰雹多,受害重,对农业危害很大,猛烈的冰雹打毁庄稼,损坏房屋,人被砸伤、牲畜被打死的情况也时有发生(段英,2009)。

5.3.2.2 暴露度

冰雹灾害的暴露度主要从以下几个方面考虑。

(1)灾害暴露范围

我国冰雹灾害的地域分布规律有以下四个特点。

一是全国冰雹灾害的地域分布广、雹灾波及范围大。虽然冰雹灾害是一个小尺度的灾害事件,但是我国大部分地区有冰雹灾害,几乎全部的省份都或多或少地有冰雹成灾的记录,受灾的县数接近全国县数的一半。

二是冰雹灾害分布的离散性强。大多数降雹落点为个别县、区。

三是冰雹灾害分布的局地性明显。冰雹灾害多发生在某些特定的地段,特别是青藏高原以东的山前地段和农业区域,云贵高原的部分区域,这与冰雹灾害形成的条件密切相关。

四是我国冰雹灾害的总体分布格局是中东部多、西部少,空间分布呈现一区域、两条带、七个中心的格局。

(2)经济暴露度

以地均 GDP 为经济暴露度指标,31 个省 1984—2012 年多年平均经济暴露度为 149 万元/km²,总体上呈现由东部沿海向中西部内陆地区减小的特征(王艳君等,2014)。

(3)农作物暴露度

以农作物播种面积为农作物暴露度指标,1985—2012 年我国多年平均农作物暴露面积约为1.53 亿 hm²,在空间分布上总体表现由中东部地区向西部地区减小的特点(王艳君等,2014)。

5.3.2.3 脆弱性

已有学者对冰雹灾害的脆弱性曲线进行了研究,见表 5.2(周兰等,2014)。

表 5.2 主要雹灾承灾个体脆弱性曲线简况

承灾体	灾强指标	方法	函数
小麦、玉米、棉花、大豆、土豆、甜菜、水稻、番茄、瓜尔豆	降雹密度、冰雹直径、冰雹质量、冰雹时间、降雹动能、降雹动量、落叶率、断枝率	测雹板监测、实验模拟、遥感反演	线性函数、二次函数、指数函数、logistic函数
建筑、汽车	降雹动能	遥感反演	logistic 函数

5.3.3　其他孕灾环境

5.3.3.1　地形地貌

（1）高原的降雹

世界上一些主要多雹区集中在几个高原地区，中、低纬度主要的高原地区都多雹。高原降雹有以下特点。

1）由于地面海拔高，积雨云发展有限，故雹日虽多，但所降之雹 80％ 以上是着地即融的霰、冰丸和小雹块，一般只有黄豆大，降雹时伴随的雨量也小。

2）高原地区的雹灾仍不可轻视。青藏高原雹灾偶发性大，但给农牧业带来的灾害有时也很重。

3）随着海拔高度升高，雹日愈集中于夏季。海拔 3000 m 以上地区，6—8 月雹日数占全年的 70％ 左右。

4）越深入高原腹地，降雹及雷暴的日变化峰值出现越早。

5）在高原（尤其高原的大山脉）的西风带下风方，常是多雹灾区，容易发生强雹暴，大雹块多，降雹持续时间长（10～25 min）。

（2）山区和丘陵的降雹

一般来说，高山区降雹日数最多，低山、丘陵地区降雹日数少，但雹灾可能很重。在以平原为主的地区，其丘陵部分明显地比周围降雹多。

（3）大平原和盆地的降雹

大平原地区海拔高度低于 200～300 m 时，年雹日很少，一般不到 1 d。我国有名的几个大型盆地也相对少雹。

"雹走一条线，专打山边边"，在高原或山脉下游 200～300 km 之内的平原和盆地内的平原地区，经常出现雹灾（段英，2009）。

5.3.3.2　植被

（1）森林与降雹

在接近大森林的平原地区，热力差别大，容易形成冰雹，而且森林东侧比森林西侧降雹少（因北半球的雹云一般自西向东移动）。

（2）城市与降雹

由于城市热岛效应有利于形成上升气流，使得移经城市上空的积雨云得到加强和发展，在城市的下游一侧降雹较多（北半球城市的东侧或南半球城市的西侧），而城市中心区降雹相对较少。

5.4　灾害调查现状

5.4.1　相关标准

关于冰雹方面的标准有《冰雹等级》（GB/T 27957—2011）等。

5.4.2 工作现状

5.4.2.1 调查开展机构

目前,冰雹灾害调查主要由气象、农业等部门开展。如:宁夏、山东、安徽等地开展了冰雹灾害调查;2014 年宁夏气象局针对中宁、青铜峡、中卫、兴仁等受灾地点开展灾情调查;2016 年9 月,莱芜市气象局赴烟叶生产基地针对冰雹灾害开展调查;2018 年 3 月贺州市农业局赴遭受到冰雹灾害袭击的钟山镇、公安、燕塘镇开展灾情调查。

5.4.2.2 业务规定和工作制度

2008 年 5 月中国气象局印发了《全国气象灾情收集上报调查和评估规定》和《全国气象灾情收集上报技术规范》,将气象灾情收集上报调查和评估工作纳入日常业务。

2018 年 1 月安徽省气象局印发了《安徽省气象灾害调查业务管理规定(试行)》,进一步规范安徽省气象部门气象灾害调查工作。

在重大冰雹灾害应急工作上,各地也制定了应急预案。如:齐齐哈尔、佳木斯、安达等市制定了重大冰雹应急预案,对冰雹灾害应急工作进行了规定。

5.4.3 调查内容和方法

5.4.3.1 监测手段

(1)雷达监测

实践证明,天气雷达是监测识别冰雹云的较好设备。天气雷达在其发展过程中,经历了常规天气雷达、多普勒天气雷达和偏振天气雷达的不同发展阶段。

(2)雷电监测

冰雹、暴雨等强对流天气往往有强的雷电活动。这也是雹云的固有特性。因此通过对闪电的监测,也可以使我们识别冰雹云的存在。

(3)卫星监测

卫星云图由于观测到的区域范围大,能观测到地球上大面积云的覆盖情况。利用静止气象卫星云图可以直接观测到与冰雹云密切相关的飑线、逗点云系,涡旋云系、锋面云系等大尺度云系中生成的中小尺度对流云团,所以它也是监测冰雹天气的较好工具(段英,2009)。

5.4.3.2 调查内容

(1)降雹情况:时间、地点、天气系统、冰雹直径大小。

(2)气象服务情况:预报准确性、服务及时性、防护措施有效性。

(3)冰雹灾害主要针对农作物、人员、建构筑物及其他方面的受损情况展开调查。农作物的损害主要包括:农作物的种类、损害的方式和程度、数量等内容;人员及动物的伤亡情况主要包括:伤亡对象的基本特征(包括种类、重量等),必要时查阅医院或公安法医的检验报告、伤亡数量及受伤害的方式及程度等内容;建构筑物或其他设施设备的损坏情况主要包括:被破坏的建筑物、构筑物的基本特征(包括类型、位置、建设年代、结构、数量),被破坏方式和程度等,被破坏的交通工具及其他设施设备的基本特征(包括类型、位置、年代、数量),被破坏的方式和程度等内容;以及其他受到冰雹灾害损失的其他受损物的数量、损坏方式和程度等内容。

5.4.3.3 调查方法

(1)气象观测、探测资料

调查收集冰雹灾害发生所在区域的气象卫星云图、雷达探测资料;调查地面气象观测记录,包括冰雹发生时的风向、风速、气压、云状、温度、湿度、降水量、天气现象及其持续时间等。

(2)目击者、报告者采访

对目击者、报告者进行现场采访,询问降雹时的天气情况和记录目击者对冰雹发生及影响的定性与定量描述,收集目击者拍摄的影像记录。

(3)灾害现场调查

利用测量工具对冰雹影响长度、宽度和受损对象的位置、方位、尺寸进行测量。对直观可见的冰雹灾害破坏物象,拍摄现场照片或进行录像,对典型破坏物象,宜近距离拍照并进行测量。

(4)调查仪器及设备

冰雹灾害调查的仪器设备应包括:GPS 定位仪、相机、游标卡尺、称重天平、经纬仪、无人机、录音笔等。

5.5　灾害调查案例

【安徽长丰 5 月 14 日冰雹灾害调查】

2017 年 5 月 14 日 13—15 时期间,合肥市区及长丰县出现降雹情况,灾情发生后,安徽省气象灾害防御技术中心派出气象灾害调查人员于 5 月 17 日到长丰县进行现场调查。

(1)冰雹灾情

截止到 5 月 17 日上午,长丰县本次冰雹灾害受灾作物面积 5.37 万亩,其中小麦、油菜等粮油作物受灾面积 38820 亩,蔬菜瓜果 10521 亩(其中,设施农业受灾 2534 亩),经果林和名贵树 4357 亩,直接经济损失 4800 多万元。

(2)致灾成因分析

5 月 14 日 13—15 时,合肥市自北向南,自西向东出现冰雹、降雨和大风天气。13 时 10 分前后和 13 时 30 分前后长丰吴山、岗集一带观测到冰雹,直径约 20 mm。最大小时雨强出现在长丰吴山,为 24 mm。

(3)气象服务效益评估

合肥市气象局于 5 月 11 日天气周报中,指出 15 日前后合肥市有降雨过程,并可能伴有雷电、大风、短时强降水等强对流天气。并于 14 日 13 时 30 分发布雷雨大风黄色预警,通过手机短信、微博、微信、网站等方式向公众及时发布了预警信息。

第6章 雷 电

6.1 概述

6.1.1 定义

雷电是雷暴天气的重要组成部分(又是人们常说的闪电),是雷暴天气的一种表现,表现为大气中发生的伴有强烈闪光和巨大隆隆爆炸声的现象。

6.1.2 等级划分

雷电灾害的等级分为 A、B、C、D 四级(QX/T 103—2017《雷电灾害调查技术规范》)。

A 级灾害:雷击造成人员伤亡、爆炸起火、重要信息系统瘫痪、公众服务系统瘫痪、企业全面停产,造成直接经济损失 100 万元以上或造成重大社会影响。

B 级灾害:雷击造成人员伤害、建筑物局部受损、部分设备损坏、部分通信或网络中断、企业局部停产,直接经济损失在 20 万~100 万元。

C 级灾害:雷击造成部分设备损坏,直接经济损失在 1 万~20 万元。

D 级灾害:雷击造成轻度损害,直接经济损失在 1 万元以下。

6.2 灾害分布特征

6.2.1 空间分布特征

表 6.1 给出了 1997—2006 年我国各地区的雷电灾害灾情,通过对全国 31 个省(自治区、直辖市)雷电灾情排名比较,发现我国雷灾事故发生的地区分布差异较大,总体上呈东南部多,西北地区少(马明等,2008)。

表 6.1 1997—2006 年我国各地区的雷电灾情分布

地区	雷电灾害事故数	财产损失雷灾数	人员伤亡雷灾数	人员死亡数	人员受伤数	人员死伤总数	人员死伤率(每百万)	财产损失/人员死伤雷灾比
北京市	365	341	24	15	33	48	3.47	14.21
天津市	181	167	14	15	2	17	1.7	11.93
河北省	1392	1253	139	137	102	239	3.54	9.01
陕西省	327	293	34	31	32	63	1.91	8.62
内蒙古自治区	416	371	45	52	56	108	4.55	8.24

地区	雷电灾害事故数	财产损失雷灾数	人员伤亡雷灾数	人员死亡数	人员受伤数	人员死伤总数	人员死伤率（每百万）	财产损失/人员死伤雷灾比
辽宁省	559	462	97	95	60	155	3.66	4.76
吉林省	557	481	76	73	44	117	4.29	6.33
黑龙江省	479	402	77	75	41	116	3.14	5.22
上海市	197	169	28	45	23	68	4.06	6.04
江苏省	1217	1030	187	200	100	300	4.03	5.51
浙江省	1583	1414	169	166	138	304	6.5	8.37
安徽省	588	496	92	105	107	212	3.54	5.39
福建省	2692	2494	198	188	138	326	9.39	12.6
江西省	1557	1283	274	310	219	529	12.78	4.68
山东省	2180	1988	192	203	172	375	4.13	10.35
河南省	995	873	122	115	136	251	2.71	7.16
湖北省	856	702	154	166	235	401	6.65	4.56
湖南省	1194	1018	176	183	195	378	5.87	5.78
广东省	8770	7993	777	772	662	1434	16.6	10.29
广西壮族自治区	1133	920	213	221	265	486	10.83	4.32
海南省	412	280	132	126	192	318	40.4	2.12
重庆市	321	277	44	50	56	106	3.43	6.3
四川省	1028	845	183	195	146	341	4.09	4.62
贵州省	852	630	222	320	361	681	19.32	2.84
云南省	1530	1106	424	445	580	1025	23.9	2.61
西藏自治区	96	54	42	52	39	91	34.7	1.29
陕西省	194	138	56	46	71	117	3.25	2.46
甘肃省	111	90	21	22	15	37	1.44	4.29
青海省	161	119	42	33	66	99	19.1	2.83
宁夏回族自治区	46	32	14	11	22	33	5.87	2.29
新疆维吾尔自治区	82	63	19	21	12	33	1.71	3.32

我国闪电密度分布显示，华南地区和西南部分地区是我国闪电密度高值区，尤其是广东省和海南省，华东、华北、东北地区是闪电密度的次高值区，西北地区是闪电密度的最低值区，青藏高原地区则为闪电密度的次低值区（马明等，2008）。

6.2.2 时间分布特征

6.2.2.1 年变化

根据 1997—2006 年我国《雷电灾害汇编资料》进行统计，10 a 来雷灾造成大量人员伤亡。据不完全统计，全国造成人员伤亡的雷灾数为 4287 例，造成人员死伤总数为 8808 人，其中死亡 4488 人，受伤 4320 人。

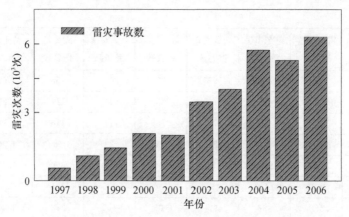

图 6.1　我国 1997—2006 年雷电灾害年变化特征(引自杨世刚等,2010)

从图 6.1 可看出,1997 年全国仅有 500 多宗雷灾报告,到 2005 年有 5322 多宗雷灾报告,2006 年上升至 6326 宗,近 10 a 来几乎呈直线上线趋势(杨世刚等,2010)。

6.2.2.2　月变化

图 6.2a 给出了雷灾事故的月变化分布,从 10 月到次年 3 月雷灾发生较少,4—9 月则占了全年雷灾的 93% 以上,4 月和 5 月相对 3 月雷灾有明显上升,6 月、7 月、8 月最高,其中 7 月造成人员伤亡的雷灾数比例最高达到 27.8%,9 月则有明显的降低。财产/人员事故比值在 10 月至次年 3 月则相对较高。图 6.2b 给出了雷灾人员伤亡数的年变化分布,7 月死亡人员比例最高达到 29.0%。研究表明,我的闪电活动在 4 月开始快速增加,于 7 月、8 月达到最大,然后在 9 月迅速降低,说明雷电灾情与我国雷电活动的年变化特征是相一致的(马明等,2008)。

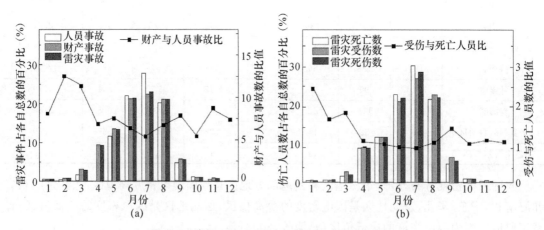

图 6.2　我国 1997—2006 年雷电灾害月变化特征

(a)雷灾事故数,(b)雷灾人员死伤数(引自马明等,2008)

6.2.2.3　日变化

图 6.3a 给出了雷灾事故的日变化特征,可见造成人员伤亡的雷灾呈现典型的单峰型,曲线从 13 时开始快速上升,15—17 时达到高值,16 时达到峰顶为 17.1%,21 时至次日 12 时造成人员伤亡的雷灾只占总数的 25.3%,其中低值在 00—05 时,00 时为谷底(0.5%),峰值和谷

值比为 33.6%。图 6.3b 给出了雷灾中人员死伤的日变化特征,可见人员死伤数曲线与造成人员伤亡的雷灾的曲线相似,呈现典型的单峰型(马明等,2008)。

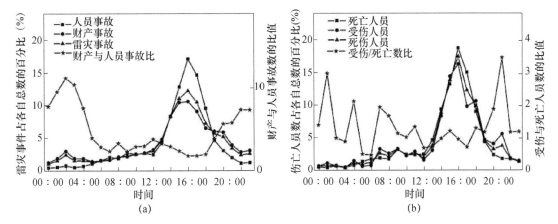

图 6.3 我国 1997—2006 年雷电灾害日变化特征
(a)雷灾事故数,(b)雷灾人员死伤数(引自马明等,2008)

6.3 成因分析

6.3.1 气象条件

6.3.1.1 天气系统

产生雷电的天气系统通常包括:锋面(冷锋、暖锋和静止锋)雷暴,高空槽,切变线雷暴,低涡雷暴(东北和华北冷涡、西南涡)和副热带高压西北部雷暴。

6.3.1.2 气象要素及影响因子

雷电发生时往往伴随着阵雨、阵风天气现象。在此过程中会产生气温下降、气压涌升、相对湿度上升、露点或绝对湿度下降等七项要素的显著变化,其变化幅度取决于雷暴云的强度,雷暴中心经过地区的变化明显,边缘地区则变化较小。

雷暴是强对流天气的一种,而形成对流性天气须具备三个基本条件,即:(1)水汽条件,(2)不稳定层结条件,(3)抬升力条件。而水汽条件和不稳定层结条件是内因,相应地,温度、对流不稳定能量、相对湿度等参数对雷暴天气有直接影响。通过对我国 5 个典型区的研究,发现夏季雷电活动频繁对应着温度高值,雷电活动的爆发伴随着前期日际温度逐步升高,温度的升高为雷电活动提供不稳定能量。且各省(自治区、直辖市)典型区之间雷电活动与环境不稳定参数之间的响应关系有所差别,雷暴天气过程发生时,黑龙江省北部 CAPE 及 CIN(抑制对流有效位能)明显比四川省东部和山东省中部小很多,四川省东部 $700\sim400$ hPa 平均相对湿度 $U_{w700\sim400}$ 和 700 hPa 相当位温 θ_{e700} 最大,其次为山东省中部,黑龙江省南部最小(邓德文等,2013)。

6.3.2 承灾体

6.3.2.1 主要影响行业

雷电灾害影响范围十分广泛,根据雷电灾害灾情数据统计,主要承灾体和受灾行业受灾次数见表 6.2,我国的雷电灾害影响行业分布非常广泛,包括电力,通信,广电,石化,制造,仓储,旅游,金融,交通运输,金融保险,政府部门,卫生系统和教育系统。主要的受灾形式包括人员和牲畜伤亡,建筑物和生活生产设施的破坏,电子通信和微电子设备的损坏,经济损失等(刘佼等,2010)。

表 6.2　我国雷电灾害影响行业次数分布

行业	通信	电力	广电	石化	制造	仓储	旅游	金融	交通运输	经济保险	政府部门	卫生系统	教育系统
1998 年	65	153	89	55	170	15	16	89	28	50	50	18	23
1999 年	60	159	118	48	224	14	5	87	41	13	83	30	42
2000 年	75	249	71	60	327	23	11	96	69	10	115	20	46
2001 年	63	178	77	94	204	23	33	73	28	—	118	47	51
2002 年	184	705	192	257	587	32	36	181	94	35	218	76	112
2003 年	97	555	124	170	331	23	13	103	13	464	307	61	108
2004 年	208	802	166	102	907	49	31	161	221	26	339	90	185
2005 年	196	885	131	238	370	30	19	135	67	559	356	75	175
2006 年	318	755	194	259	546	34	44	125	98	81	376	110	175
2007 年	309	717	174	226	372	36	20	57	69	51	315	61	155
2008 年	195	438	81	187	135	20	20	55	54	86	257	36	109
总计	1770	5596	1417	1696	4173	299	248	1162	782	1375	2534	624	1181

6.3.2.2　暴露度

雷电灾害(简称"雷灾")的暴露度通常考虑人口和经济两方面。因为雷灾事故发生频次、雷灾人员伤亡数与我国不同地区的致灾因子(闪电活动)、承灾体(人口数和经济发展现况)成正相关;雷电灾情不同类型与承灾体类型(城乡人口比例、经济发展现况)有密切关系,农民比例高的地区,雷灾人员伤亡事故的比例就高,而城市地区则以雷灾财产损失居多。

6.3.2.3　脆弱性

我国城市和农村雷电灾害的特征是有差异的。雷灾事故伤亡人数大部分在农村,这与农民生活、生产环境密切相关,农民更多处于农田、开阔地、水域、树下、没有防雷设备的建构筑物这些容易遭受雷电灾害的场所,导致农民成为雷灾受害者的主要部分(马明等,2008)。

6.3.3　其他孕灾环境

6.3.3.1　地形地貌

通过很多学者的研究表明,容易遭受雷击的主要对象的地形地貌分布特征有:

(1)旷野孤立的或者高于 20 m 的建筑物或者构筑物,比如凉亭、大树等;

(2)山谷风口处的建筑物和构筑物;

(3)城市里的烟囱及地面上有较高尖顶的建筑物或者铁塔;

(4)高耸突出的建筑物,比如水塔、电视塔、高楼等;排出导电尘埃、废弃热气柱的厂房、管道等;

（5）孤立、突出在旷野的建构筑物；

（6）收音机天线、电视机天线和屋顶上的各种金属突出物,如旗杆等。

6.3.3.2 河流、水系

通过很多学者的研究表明,容易遭受雷击的主要对象的周围河流和水系的分布特征有：

（1）河边、湖边、土山顶部的建（构）筑物；

（2）低洼地区、地下水出口处、特别潮湿处、山坡和稻田水面交界处、地下有导电矿藏处或者土壤电阻率较小处的建（构）筑物；

（3）山坡与水稻田接壤处；

（4）具有不同土壤电阻率交界的地方。

6.4 灾害调查现状

6.4.1 相关标准

关于雷电灾害方面的标准有《雷电灾害应急处置规范》（GB/T 34312—2017）、《雷电灾害调查技术规范》（QX/T 103—2017）和《雷电灾情统计规范》（QX/T 191—2013）等。

6.4.2 工作现状

6.4.2.1 调查开展机构

目前我国的雷电灾害调查工作主要集中于各级气象部门,《雷电灾害调查技术规范》为各级气象部门开展雷电灾害调查工作提供了技术支撑。如：2009 年以来,安徽省气象局先后开展"7.23 天柱山风景区""8.17 黄山莲花峰""7.3 蚌埠五河""8.29 安庆太湖""7.11 九华山""7.14 天柱山风景区""8.19 庐江"等重大雷电灾害调查。

6.4.2.2 业务规定和工作制度

中国气象局发布了《防雷减灾管理办法》（修订）（中国气象局令第 24 号）,各省（自治区、直辖市）也先后相继发布。如：2017 年,安徽省发布《安徽省防雷减灾管理办法》（修订）,吉林省发布《吉林省防雷减灾管理办法》等。

2008 年 5 月中国气象局印发了《全国气象灾情收集上报调查和评估规定》和《全国气象灾情收集上报技术规范》,将气象灾情收集上报调查和评估工作纳入日常业务。

2018 年 1 月安徽省气象局印发了《安徽省气象灾害调查业务管理规定（试行）》,进一步规范安徽省气象部门气象灾害调查工作。

6.4.3 调查内容和方法

6.4.3.1 监测手段

（1）地面观测雷暴日,主要观测地区雷暴日数和闪电发生的时间。

（2）全国 ADTD 闪电定位系统监测网,主要观测闪电发生的时间、经纬度、雷电流强度、雷电流陡度等参数。

（3）遥感（卫星、雷达）监测手段,主要监测雷暴过程发生的时间和移动途径等。

6.4.3.2　调查内容

调查内容包括:灾害发生的时间、地点(或区域);受灾对象所处位置及周边情况;受灾对象的损失(损坏)情况;现场遗留的痕迹、残留物、人和其他生命体损伤特征;灾害发生前后现场物体变化情况;灾害发生时相关时段的天气背景资料;灾害发生地地理、地质、环境、气候状况;灾害发生地历史上的雷电活动及雷电灾害情况;灾害发生前建(构)筑物及设备的防雷装置是否按防雷相关法规、技术标准要求、采取相应的雷电防护措施;灾害发生前建(构)筑物及设备的防雷装置功能是否处于有效状态;灾害发生前建(构)筑物及设备是否接受过防雷检测,检测报告是否在有效期内;受灾单位是否按照有关防雷安全法规及技术标准的要求,建立完善的防雷安全管理制度;受灾单位各级相关人员是否履行防雷安全岗位职责,执行相关安全操作规程;受灾单位相关人员是否接受过防雷培训;其他需要调查的内容(QX/T 103—2017《雷电灾害调查技术规范》)。

6.4.3.3　调查方法

(1)调查访问法。针对受灾当事人、最早发现灾情人员、最先报警和接警的人员、直接目睹雷击发生的人员、最早赶到灾害现场人员、最早参与抢救的人员等进行调查访问。

(2)现场勘查。勘查现场痕迹和残留物;受灾对象的空间位置、损害表现特征;受灾对象附件其他物体及分布情况;勘查受灾对象所处场所及周围环境情况;灾害发生地地理坐标等。

(3)鉴定与实验。涉及专业性较强的事项,应委托具有相应资质或能力的专业机构确定其性质或特性。当无法直接确定某种现象的真实性或必然性时,宜进行针对性实验(QX/T 103—2017《雷电灾害调查技术规范》)。

6.5　灾害调查案例

【2017 年 8 月 19 日安徽省庐江县雷电灾害】

2017 年 8 月 19 日下午,合肥市庐江县罗河镇吉桥村遭受雷击,雷击造成 2 名在田间树下躲雨的村民死亡。安徽省气象灾害防御技术中心在获知灾情后,立即启动气象灾害调查程序,联合合肥市气象局组成灾害调查组赶赴庐江县,实地开展雷电灾害调查。具体调查情况如下。

(1)灾情情况

8 月 20 日上午 08 时,调查组从合肥出发,于上午 10 时 11 分到达庐江县罗河镇吉桥村,在庐江县气象局及吉桥村村委会同志的配合下对雷电灾害进行现场调查。具体受灾情况如下:

此次雷电灾害造成 2 人死亡(灾情来源于气象灾害管理系统上报数据)。其中死者吕某(女,64 岁),徐某(女,54 岁)均为庐江县乐桥镇居民。

依据气象行业标准《雷电灾害调查技术规范》(QX/T 103—2017)第 6.2.3 条之规定,此次雷电灾害等级为 A 级灾害。

(2)现场调查和致灾机理分析

1)天气因素

2017 年 8 月 19 日午后安徽地区处于"前倾槽"下,中高层冷空气叠置于低层暖湿气流之上,大气热力不稳定明显,同时低层切变线提供了动力条件,副热带高压边缘低层暖湿气流提供了丰富的水汽条件。安徽中部的合肥地区在 14 时 30 分开始出现强对流回波并开始发展东移,15 时左右合肥及周边地区开始出现降水并出现了较大范围强对流天气,15 时 30 分左右对流发展达到旺盛阶段,合肥及周边的六安、安庆和马鞍山等地为强对流区域,局部地区出现了强降水并伴随雷暴大风天气。合肥、六安等地区出现了大面积的闪电。通过对庐江地区灾害附近的气象资料分析,并综合各种观测资料和数据进行统计,发现庐江县此次致灾天气过程为局部短时对流过程,历时 1.5 h,共发生闪电 102 次,并伴有局地短时强降水。

2)环境因素

通过对雷击地点的现场勘察,发现此次雷电灾害发生的地点周围均为农田,降水后有多处积水。调查组对雷击点经纬度、海拔高度、剩磁量和土壤电阻率进行了现场勘测,雷灾发生地点上方有两颗高耸树木,高约 6 m。雷击地点周围地势十分空旷,土壤电阻率为240 Ω·m。

3)历史因素

据不完全统计,庐江县近年来曾遭受 6 次雷击,雷击造成人员伤亡和设备受损等。

4)灾害原因分析

通过现场走访、勘测和数据统计分析,本次雷击灾情及原因分析如下:灾害发生点地处水田上方大树下,由于周围环境十分空旷,大树为方圆 200 m 内的制高点。雷暴来临时,降水使得大树自身成为很好的导体,加上地势空旷自身较高,有利于树体进行接闪和雷电流释放。当闪电击中大树后雷电流沿潮湿的大树树体泄流,树体和人体之间瞬间产生的高电位差导致在大树下方躲雨 2 位村民遭受雷电旁落闪击导致死亡。

第7章 雪 灾

7.1 概述

7.1.1 定义

雪灾是因降雪导致大范围积雪、暴风雪、雪崩,严重影响人畜生存与健康,或对交通、电力、通信系统等造成损害的自然灾害(GB/T 28921—2012《自然灾害分类与代码》)。《中国气象灾害大典》(综合卷)定义了气象学上的雪灾,是指由于区域降雪过多或积雪过厚、雪层维持时间长,对工农业生产造成的危害(温克刚,2008)。通常,降雪过程中或结束后,碰到温度低于0℃的地面将出现道路结冰现象。每年10月15日至12月31日发生的雪灾称为前冬雪灾,翌年1—2月发生的称为后冬雪灾,翌年3月到5月15日发生的为春季雪灾。

7.1.2 等级划分

(1)降雪强度

依照单位时间内的降雪量来划分降雪强度(表7.1)(GB/T 28592—2012)。

表7.1 采用单站降雪强度划分标准

等 级	时段降雪量(mm)	
	12 h降雪量	24 h降雪量
微量降雪(零星小雪)	<0.1	<0.1
小雪	0.1~0.9	0.1~2.4
中雪	1.0~2.9	2.5~4.9
大雪	3.0~5.9	5.0~9.9
暴雪	6.0~9.9	10.0~19.9
大暴雪	10.0~14.9	20.0~29.9
特大暴雪	≥15.0	≥30.0

(2)牧区雪灾

我国是世界上畜牧业资源最丰富的国家之一,草地面积占国土总面积的40%左右,约60亿hm²,草场可利用率为68.4%。我国牧区主要分布在内蒙古、青海、新疆、西藏、甘肃、四川、宁夏、黑龙江、云南和陕西等省(自治区),雪灾是牧区冬春季的主要气象灾害之一。依据积雪掩埋牧草程度、积雪持续时间和受灾面积比三项指标,将牧区雪灾分为四个等级(表7.2)(GB/T 20482—2017)。

表 7.2 牧区雪灾等级划分

雪灾等级	积雪状态		
	积雪掩埋牧草程度	积雪持续日数(d)	积雪面积比
轻灾	0.30~0.40	≥10	$S \geqslant 20\%$
	0.41~0.50	≥7	
中灾	0.41~0.50	≥10	$S \geqslant 20\%$
	0.51~0.70	≥7	
重灾	0.51~0.70	≥10	$S \geqslant 40\%$
	0.71~0.90	≥7	
特大灾	0.71~0.90	≥10	$S \geqslant 60\%$
	>0.90	≥7	

(3)城市雪灾

选取累积降雪量、最大日降雪量、积雪深度、连续降雪日数、日最低气温、日最大风速、日最小相对湿度 7 个气象因子为城市雪灾气象指数的影响因子,并得到城市雪灾气象指数值,并以此值从低到高划分出 5 级城市雪灾气象等级(表 7.3)(QX/T 178—2013)。

表 7.3 城市雪灾气象等级划分

雪灾气象等级	等级描述	城市雪灾气象指数范围	可能影响
0	不易	≤32	交通运输基本正常,人们活动能够正常进行。
Ⅰ	轻度	[33,44]	可能造成交通阻塞,交通事故频发,影响人们正常活动。
Ⅱ	中度	[45,70]	交通运输可能受阻,影响电力和通信线路的正常运行,严重影响人们正常活动。
Ⅲ	重度	[71,99]	公路、铁路、民航运输中断,严重影响电力和通信线路的正常运行,易引起人员失踪或伤亡,易引起房屋倒塌,易引起树木折枝。
Ⅳ	特重	[100,192]	公路、铁路、民航运输中断,易引起电力和通信线路中断,极易引起人员失踪或伤亡,极易引起房屋倒塌,极易引起树木折枝或倒地。

7.2 灾害分布特征

7.2.1 空间分布特征

我国降雪日数分布具有高山高原多、低地平原少、北方多、南方少的特点。青藏高原、东北北部和东部及内蒙古东部、新疆北部山区为降雪多发区,年降雪日数 50~100 d,其中青藏高原东部及内蒙古大兴安岭地区、新疆天山山区在 100 d 以上。东北西部和南部、华北北部和西部、西北东部等地为降雪次数多发区,年降雪日数 20~50 d。华北平原至南岭以北广大地区及内蒙古西部、新疆南部、青海西北部年降雪日数为 5~20 d。华南及四川盆地、云南等地为降雪少发区,年降雪日数不足 5 d,其中华南南部及云南南部全年无降雪(温克刚,2008)。

7.2.2　时间分布特征

7.2.2.1　年变化

统计 1955—2005 年我国多站平均的降雪日数逐年变化(未考虑观测到降雪天气现象,但没有降水量的微量降雪事件),发现 1955—1967 年我国降雪处于少雪的负位相,平均每站年降雪日数为 10.32 d,1968—1994 年基本为多雪的正位相,平均每站年降雪日数为 11.53 d,1995—2005 年又为少雪的负位相,平均每站年降雪日数为 10.66 d(图 7.1)(臧海佳,2009)。

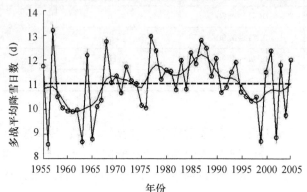

图 7.1　1955—2005 年多站平均的降雪日数年际变化(引自臧海佳,2009)

7.2.2.2　月变化

根据我国各强度降雪事件发生的时间来看,降雪主要集中于 11 月至次年 4 月,这也是道路结冰现象最容易发生的时间。其中,小雪和特大暴雪以 1 月最多,中雪以 2 月最多,大雪和暴雪以 3 月最多(臧海佳,2009)。青藏高原积雪的年变化不完全一致,高原积雪主要发生在 10 月到次年 5 月,9 月和 6 月的积雪相对来说很少,7 月和 8 月则基本无积雪。

7.2.2.3　日变化

降雪过程并无明显的日变化,但路面结冰现象却有明显的日变化特征,从各时刻的结冰次数来看,单站结冰过程大都发生在 20 时至次日 09 时(北京时间),以 00 时前后发生结冰次数最多,凌晨左右结冰过程发生次数达到一天中最多,这是由于凌晨前温度呈下降趋势,有利于形成厚冰层,因此,很容易发生持续时间较长的结冰过程;凌晨后也容易发生结冰过程,但结冰持续时间却不及凌晨之前长,而且随着时间的推移,温度升高,很难形成致密的冰层(胡钰玲等,2017)。

7.3　成因分析

7.3.1　气象条件

7.3.1.1　天气系统

我国不同地区产生暴雪天气的天气系统分别如下。

(1)东北地区:贝加尔湖低压型,蒙古气旋型,日本低压型,江淮气旋北上型(赵广娜,2011)。

（2）新疆地区：中亚低压（涡）槽类，喀布尔低涡（压）槽类，里、咸海低压（涡）槽类、巴湖低压槽（横槽，同时咸海至巴湖以北为阻高）（王金辉等，2011）。

（3）青藏高原：冷锋切变线，冷锋低槽，高原辐合线（黄芸玛，2006），北脊南槽型，乌山脊型，阶梯槽形和国境槽型（梁潇云等，2002）。

7.3.1.2　气象要素及影响因子

在降雪形成—积雪成灾—人员伤亡、经济损失的整个过程中，降雪、积雪、温度的共同作用是形成雪灾的主要原因。我国南北方雪灾主链不同，串并发机制不同，次生灾害种类、数量以及破坏力也有很大不同。北方雪灾以寒潮引发的降雪、低温、大风同时发生的并发灾害链为主（图 7.2a）。南方雪灾灾害以雨雪和低温引发的冰冻为核心串发性灾害链为主（图 7.2b）。北方雪灾致灾因子为寒潮、大风、降雪，核心致灾因子是降雪。南方雪灾致灾因子主要为低温、降雪、冻雨、冰冻，核心致灾因子是冰冻（白媛等，2011）。

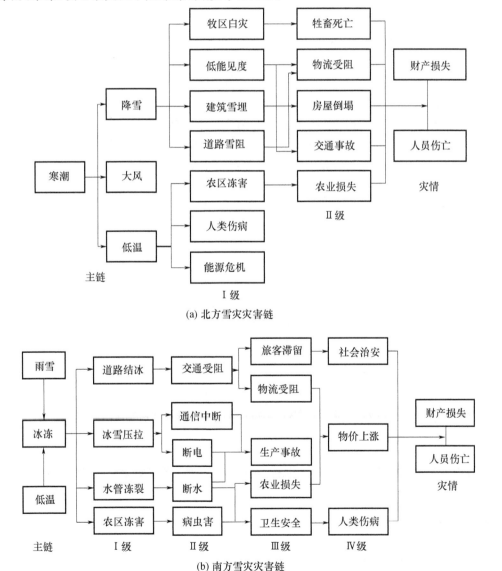

(a) 北方雪灾灾害链

(b) 南方雪灾灾害链

图 7.2　南、北方雪灾灾害链（引自章国材，2013）

在暴风雪过程中,大风还常把地势高处和迎风处的雪,吹到地势低处和背风处,造成较深的积雪。

7.3.2 承灾体

7.3.2.1 主要影响行业

受雪灾影响的行业主要有畜牧业、交通、建构筑物、农业、林业、养殖业、渔业、电力等服务设施。其中,降雪和道路结冰会对交通运输部门带来较大的影响,尤其是公路交通。路面积雪和结冰后,使汽车轮胎与路面的摩擦系数减小,附着力大大降低,使车辆行驶稳定性与车辆的制动性、驱动性极差。而在我国南方,降雪对设施农业的影响尤为严重,当遇到暴雪天气时,深厚、沉重的积雪常常会超出温室设施的承载负荷,导致拱架坍塌或墙体损毁,并由此导致冻害,经济损失惨重。

7.3.2.2 暴露度

对雪灾最敏感的承灾体是人员、牲畜、设施农业和交通运输。常用的暴露度指标有:人口密度、年末牲畜存栏数、交通运输、仓储和邮政业 GDP 值、农作物播种面积和地均生产总值。这些指标值与暴露度成正比,即指标值越大,暴露度越大(武娜,2016;许乐等,2016)。

7.3.2.3 脆弱性

青海省气候中心采用灾损案例法拟合了青海雪灾承灾体脆弱性曲线。选择牲畜死亡率为指标,依据灾情数据库中 34 个典型灾情案例,运用 SPSS 软件平台非线性统计模型对积雪深度(致灾因子)和牲畜死亡率进行拟合,得到青海畜牧业雪灾脆弱性曲线(图 7.3)。

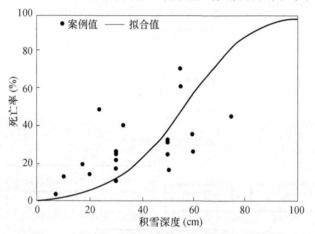

图 7.3 畜牧业雪灾脆弱性曲线(引自青海省气候中心)

$$Y = 1/(0.01 + 1 \times 0.923x) \tag{7.1}$$

针对雪灾防灾减灾能力,常用的指标有:人均生产总值、平均文化程度、通信能力和灾害预报能力。

7.3.3 其他孕灾环境

在降雪发生、积雪形成的过程中,受海拔、坡度、坡向、地表覆盖等地形、地貌条件的影响,降雪量、积雪分布、积雪消融速率在空间上有较大的差异。不同的坡度条件下,积雪会在风力、重力的作用下重新分布,坡度小、地势低的平地或谷地,容易产生积雪;地势陡峭的山坡,不利于积雪的堆积。不同的坡向条件,阳坡接受的太阳辐射量与阴坡相比更多,气温更高,积雪融化的也更快,尤其是阴坡的沟槽地方,积雪容易堆积且长期保存,这也为道路结冰提供了有利的前提条件。此外,道路结冰灾害的主要影响在于对交通的破坏,水泥路面更易受到道路结冰灾害的影响,而柏油路面因其更大的摩擦系数相对不易受到道路结冰灾害的影响(汪超等,2017)。

7.4 灾害调查现状

7.4.1 相关标准

关于雪灾方面的标准有《牧区雪灾等级》(GB/T 20482—2017)、《暴风雪天气等级》(GB/T 34298—2017)和《城市雪灾气象等级》(QX/T 178—2013)等。

7.4.2 工作现状

7.4.2.1 调查开展机构

气象、农牧、林业等部门开展了雪灾调查和上报工作。如:2008 年南方雪灾调查,浙江、江苏、安徽等地雨雪持续日数超过百年一遇,贵州、山东等地达到 50 a 一遇;2018 年 1 月,安徽省气象部门开展了暴雨灾害调查。

7.4.2.2 工作规定和制度

2008 年 5 月中国气象局印发了《全国气象灾情收集上报调查和评估规定》和《全国气象灾情收集上报技术规范》,将气象灾情收集上报调查和评估工作纳入日常业务。

2018 年 1 月安徽省气象局印发了《安徽省气象灾害调查业务管理规定(试行)》,进一步规范安徽省气象部门气象灾害调查工作。

有的省(自治区)在市(州)一级也相继出台相应的雪灾应急预案。如:镶黄旗人民政府印发的《镶黄旗冬春雪灾应急预案》,适用于降雪前、降雪过程以及降雪后,发生雪灾及雪灾发生后的应急反应。

7.4.3 调查内容和方法

7.4.3.1 监测手段

(1)遥感监测:利用多时相、多波段的遥感数据提取降雪相关因子,并监测降雪过程的动态演变过程。

(2)气象观测站:可提供积雪深度、天气现象、降水量、温度、风向、风速等常规气象观测信息。

7.4.3.2 调查内容

(1)现场调查

1)灾害损失调查:包括人员伤亡、建(构)筑物损毁、基础设施破坏、农业损失和其他损失情况。

2)诱发因素调查:灾害发生地的地形地貌特点;海拔、坡度、坡向、地表覆盖情况。

（2）气象观测资料调查

1)观测台站概况

调查观测台站的类别、观测资料内容等,并注明观测台站与雪灾现场的水平距离、方位。

2)地面观测资料

调查地面观测记录,包括:自动气象观测站记录的雪灾过程中的积雪深度、气温、风速、风向、天气现象、持续时间等信息。

3)卫星资料

收集灾害发生区域卫星云图,了解雪灾发生、发展演变过程。

4)历次雪灾记录

发生的时间、频次、规模、形成过程和灾害情况。

7.4.3.3　调查方法

一般而言,雪灾的影响范围较大,可采取典型调查的方式,对具有代表性的灾情进行详细调查和周密分析,调查手段如下。

（1）目视:依据相关技术标准、专业知识、经验等通过直接观察获取灾害现场信息。

（2）访谈、问卷:直接向受灾人员、受影响人员、救灾工作人员询问、谈话、问卷从而获取灾害现场信息。目击者、报告者应在灾害调查表上签字确认。

（3）摄录（包含监控录像）。

（4）资料拷贝。

7.5　灾害调查案例

【安徽省"1.3—1.4"暴雪灾害调查】

2018 年 1 月 3—4 日,安徽省江北普降暴雪,局部特大暴雪,安徽省气象灾害防御技术中心在获知灾情后,成立调查组对雪灾严重的地区进行现场调查。

（1）雪灾灾情

截至 2018 年 1 月 8 日 11 时,合肥、蚌埠、淮南等 10 市 50 个县(市、区)155.6 万人受灾,18 人死亡,300 余间房屋倒塌,1100 余间不同程度损坏;农作物受灾面积 16.34 万 hm²,其中绝收 0.29 万 hm²;直接经济损失 35 亿元。根据《气象灾情收集上报调查和评估规定》,此次暴雪害属特大型气象灾害。

现场调查发现,此次暴雪灾害造成定远县大面积的蔬菜、秧苗大棚倒塌,棚内蔬菜植株被压断;合肥市望江路段 BRT 站台、车库多处坍塌;六安市金寨县仅电网倒、断杆达 359 处。

（2）致灾成因分析

天气形势——500 hPa 新疆北部和东北以东的两个低涡、蒙古地区的横槽共同影响。

降雪量大——截至 4 日 20 时,沿江江北有 52 个市(县)出现积雪,普遍超过 15 cm,其中 7 市(县)超过 30 cm,定远站、金寨站积雪深度达到 40 cm,为全省之最。

持续低温——1 月 5—10 日降温明显,普遍都在 0℃以下,部分地区最低气温达到－12℃,不利于积雪消融。

积雪容重大——气温日较差较小,使得雪灾不仅仅是积雪厚度,而是雨雪冰的共同作用。

暴雪重灾区叠加——此次过程于 1 月 5 日趋于结束,6—7 日沿淮淮河以北和大别山区又发生一次降雪过程,降雪区与上次暴雪重灾区叠加,加重了雪灾的影响。

雪灾防范意识薄弱——此次暴雪过程,气象部门提前作出了精准预报,但在暴雪来临和肆虐的过程中,一些危房校舍、轻钢结构建(构)筑物、畜禽棚舍、蔬菜大棚等未采取加固防护措施或及时清除顶棚积雪,使得多处建(构)筑物坍塌损毁,并造成了人员伤亡。

(3)历史灾情

1998 年、2008 年、2016 年雪灾均对我省造成了破坏,其中 2008 年雪灾造成我省受灾人口 1436.14 万人,因灾死亡 12 人,农作物受灾面积 80.267 万 hm^2,直接经济损失 132.33 亿元。统计发现,从积雪深度、范围,以及造成的人员伤亡和直接经济损失综合来看,此次降雪过程及灾害损失均为 2008 年以来最强的。

(4)气象服务效益评估

针对此次暴雪天气过程,气象服务产生的效益主要为减损效益,安徽省气象部门提前发布了暴雪和道路结冰预警信号,并通过手机短信方式免费覆盖预警责任人 118 万人次,微信发布 305 次,新浪微博、腾讯微博共发布信息 138 条。

第8章 低温冷害

8.1 概述

8.1.1 定义

低温冷害指农作物或经济林果生长期间,因气温低于作物生理下限温度,影响作物正常生长,引起农作物生育期延迟或受损,导致减产的一种农业气象灾害。其在东北地区一般发生在 6—8 月,称为东北冷害或"哑巴害"。在长江流域则发生在 3—4 月或者 9—10 月,分别称春季低温冷害、秋季低温冷害或寒露风,发生在春季则称为春寒或倒春寒(中国气象局,2005)。

8.1.2 分类

根据低温冷害发生的地理位置和季节划分,一般将其分为秋季低温冷害、春季低温冷害和东北夏季低温冷害。根据低温冷害形成机理角度划分,一般将其分为延迟性冷害、障碍性冷害、混合型冷害和稻瘟病型冷害。根据冷害发生的时期划分,一般将其分为前期冷害、中期冷害和后期冷害(王绍武等,2009)。

8.2 灾害分布特征

8.2.1 空间分布特征

(1)春季的低温冷害分布主要集中在华南至长江中下游地区。

(2)秋季的低温冷害分布主要集中在东北地区和内蒙古东部地区,长江及其南部地区。

8.2.2 时间分布特征

(1)春季南方低温冷害

图 8.1 为根据《中国灾害性天气气候图集》给出的 1950—2005 年我国南方大体上淮河流域及南方水稻播种期低温冷害次数。低温冷害的标准是 2—3 月日平均气温连续 3 d 或者 3 d 以上低于 12℃ 以下。

(2)东北夏季低温冷害

参考《中国主要气象灾害分析》,1951 年和 1953 年主要为局部地区冷害,1952 年则温度条件较好。总的来看,不同序列的结果基本一致,但仍存在细微差别(图 8.2)。

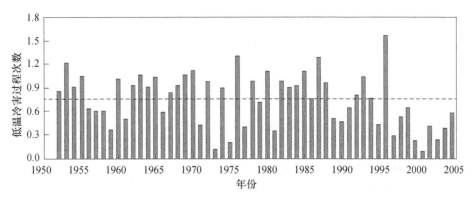

图 8.1　1952—2005 年中国南方低温冷害过程次数历年变化（引自王绍武等，2009）

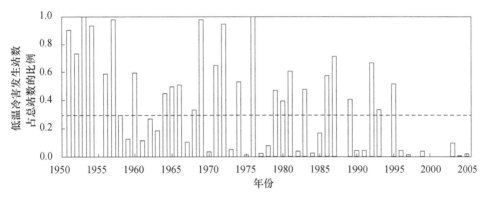

图 8.2　1951—2005 年东北地区夏季低温冷害发生站数占总站数
的比例分布年变化（引自王绍武等，2009）

（3）秋季南方低温冷害

图 8.3 根据中国气象局《中国灾害性天气气候图集》给出了我国南方秋季低温冷害次数的年变化特征，可以看出近 50 多年来每年的秋季低温冷害次数均超过 1 次，平均值为 1.8 次/年，其中 1952 年、1957 年、1972 年、1980 年、1981 年、1986 年、1988 年、1994 年、1997 年、2002 年的低温冷害次数都超过了 2 次。

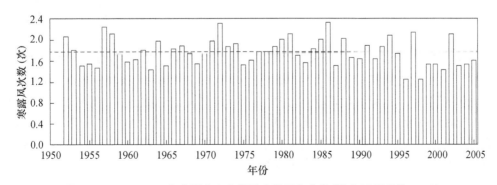

图 8.3　1952—2005 年中国南方寒露风次数历年变化（引自王绍武等，2009）

8.3 成因分析

8.3.1 气象条件

8.3.1.1 天气系统

影响我国南部地区的春秋季低温冷害一般同低温连阴雨天气一起发生,而影响东北地区夏季低温的天气背景和系统为极涡和副热带高压(王绍武等,2009)。东北冷涡造成东北夏季低温的主要冷空气路径有泰梅尔阻塞高压型、雅库茨克阻塞高压型、乌拉尔主槽东移高纬反气旋打通型和贝加尔湖暖脊型四种类型。

8.3.1.2 气象要素及影响因子

低温冷害主要的气象要素主要有:降水量、持续降水时间、气温、低温持续时间、日照时间。

8.3.2 承灾体

8.3.2.1 主要影响行业

低温冷害主要影响的是农作物生长发育。其主要影响的行业为农业,主要承灾体为农作物,包括小麦、水稻、玉米、高粱、大豆和棉花等。表现形式为作物的减产和绝收。

8.3.2.2 暴露度

低温冷害的暴露度主要考虑农作物暴露度,通常是以农作物(或果树)播种面积或单位面积农作物产量为计算指标。

8.3.2.3 脆弱性

低温冷害的脆弱性通常表示受灾区暴露物体受低温冷害的影响程度,由于作物受低温冷害影响面积百分比可以表示出作物产量的损失程度和地域差异性,因此可以选取受低温冷害影响面积百分比作为脆弱性指标(李文亮等,2009)。

8.3.3 其他孕灾环境

由于低温冷害的主要承灾体是各种农作物,结合我国低温冷害分布的主要特征来看,东北地区、长江中下游和华南地区及我国西南地区因海陆之间季节性的热力差异和季风影响,形成高原季风气候、西南季风气候、四川盆地气候、长江中下游气候等降水气候,在春秋季常因冷暖气流交汇形成降水和低温过程,同时,以上地区又集中了我国的主要农作物(水稻、小麦、玉米、棉花和蔬菜类作物)产区,故在以上地区易形成低温冷害灾害。同时东北地区位于我国的中高纬度地区,气候长期受到极地冷气团、西南气旋、冷涡、副热带高压、东亚季风等大尺度系统控制。年平均气温不高,积温不足,作物生长季温度时空变化很不稳定。且我国东北地区的主要产粮区位于松辽平原区,该区位于东北区西北部大兴安岭和东部长白山脉之间,而一般在6月份东北高空极易出现冷旋涡,将冷空气带入东北地区,产生地面低温,同时地理环境导致冷空气团易进入和停留在产粮区,有利于产生持续性低温(王绍武等,2009)。

8.4 灾害调查现状

8.4.1 相关标准

关于低温冷害方面的标准有《南方水稻、油菜和柑桔低温灾害》(GB/T 27959—2011)、《北方春玉米冷害评估技术规范》(QX/T 167—2012)和《水稻冷害评估技术规范》(QX/T 182—2013)。

8.4.2 工作现状

8.4.2.1 调查开展机构

目前,低温冷害的调查主要由农业、气象等部门开展。如:2013 年,宁夏回族自治区固原市气象局针对持续低温对设施农业造成的影响及时开展了调查;2017 年 5 月,贵州省农委针对开阳县枇杷种植受低温冷害情况开展了实地调查;2018 年 4 月,安徽省气象部门针对茶叶低温冷害开展了调查。

8.4.2.2 业务规定和工作制度

目前,气象部门已制定了相关规定。2016 年中国气象局印发了《北方低温冷害影响预报与评估业务规定(试行)》和《寒露风影响预报与评估业务规定(试行)》,就北方低温冷害影响预报与评估业务作了规定。2008 年 5 月中国气象局印发了《全国气象灾情收集上报调查和评估规定》和《全国气象灾情收集上报技术规范》,将气象灾情收集上报调查和评估工作纳入日常业务。2018 年 1 月安徽省气象局印发了《安徽省气象灾害调查业务管理规定(试行)》,进一步规范安徽省气象部门气象灾害调查工作。

8.4.3 调查内容和方法

8.4.3.1 监测手段

低温冷害过程的气象参数主要为温度,降水量和低温持续时间。主要来自于气象地面观测。

8.4.3.2 调查内容

(1)气象因素的调查

1)灾害发生现场与气象台站的相对方位和距离。

2)灾害发生时段主要的天气系统。

3)灾害发生区域的地面气象台站对气象各要素值的观测记录。

4)卫星云图、雷达等观测资料和产品等。

(2)环境因素的调查

1)灾害现场主要经纬度和海拔高度。

2)灾害现场及附近地形地貌、水体、植被、土壤、农作物等因素。

3)灾害现场及附近建筑物和生产、生活设施类型和分布,行业和服务设施的类型和分布。

4)其他环境因素。

（3）历史因素的调查

查询统计灾害事发地及周边区域历史上低温冷害的历史灾情资料，包括灾害发生的时间、破坏情况和主要灾情损失量。

8.4.3.3　调查方法

（1）现场测量：通过工具测量灾害现场的若干参数和指标。

（2）走访、询问：走访和访问灾害发生点、周边地区的目击者和遭受灾害的主要相关人员，记录相关灾情信息。

（3）录音和录像：通过录音记录目击者对于灾害发生的定性和定量描述，收集目击者拍摄的音像资料等。

（4）查询资料：通过收集和查阅其他相关部门和人员记录的灾害灾情信息。

（5）联合调查：通过与民政、农业等其他部门一起组成调查组进行联合调查。

8.5　灾害调查案例

【2013 年河南省漯河市冬小麦低温冷害】

2013 年漯河市冬小麦低温冷害灾情严重，河南省漯河市农业科学院一行针对冬小麦的低温冻害灾害进行了调查，发现冬小麦出现穗缺粒、虚尖现象的地区范围比较广，其中以舞阳泥河洼地区最严重，特别是姜店乡白付湾村农户郭盘锦的地块，理论减产 50％左右，其他地方冷害稍轻，大概理论减产在 10％左右。调查情况如下。

（1）灾害情况

漯河市主栽冬小麦品种有漯麦 4 号，矮抗 58、郑 366 等。其中漯麦 4 号受冷害最轻，最轻地块几乎不受冷害影响，最重地块比最轻地块穗粒数少 7～10 粒；矮抗 58 冷害差异较大，最重的是源汇区空冢郭乡前袁村，穗粒数平均为 17.4 粒，且其冻害也比较严重，严重程度为 25％，其他地块受害情况不一；郑 366 冷害情况与矮抗 58 相似；舞阳县姜店乡白付湾村郭盘锦等几家农户种植的弱春性小麦品种郑 7698，冻害程度在 20％以上，低温冷害造成缺粒现象比较重，最低穗粒数为 3 粒，最高穗粒数为 32 粒，平均为 14 粒，严重影响产量。其他品种如漯麦 18、周麦 22、丰舞 981、百农 6210、泛麦 8 号等都有不同程度的冷害发生，不同地块发生程度不等。

（2）致灾机理和原因分析

1）天气因素

河南省在 4 月 17—19 日出现一股较强冷空气，全省气温较前期下降 10℃以上，漯河地区最低温度 2℃，并持续将近 3 d，这时候冬小麦正进入孕穗期，生长旺盛，抗寒力较弱，对低温极为敏感，气温突然下降极易形成冷害，特别在土壤干旱、没浇水、苗情差、群体小的地块。

2）环境因素

春节后浇过水的冬小麦地块受害很轻，特别是在小麦返青期、拔节孕穗期浇两次水的地块，所有小麦品种基本上不受影响，同时由于孕穗期长，使小麦穗大、穗粒数增多；浇过一次水的地块稍次之，没有浇过水的最差，冷害最严重。受灾小麦主要在播种整地时出现问题，土壤虚翘，播种出苗不好，植株弱小，群体不足，春节后没有及时浇水追肥，大量的小分蘖对灾害性天气抵抗力弱，出现严重冻害、冷害。

第9章　冻害和霜冻

9.1　概述

9.1.1　定义

冻害是指越冬作物、林木果树及牲畜在越冬期间因遇到0℃以下强烈低温或剧烈变温,或长期持续在0℃以下的温度,引起植株体冰冻甚至丧失生理活力,造成植株死亡或部分死亡以及牲畜冻伤或死亡等现象(杨晓光等,2010)。

霜冻是指在植株生长季节里,夜间土壤和植株表面的温度下降到0℃以下使植株体内水分形成冰晶,造成作物受害的短时间低温冻害(中国气象局,1993)。霜冻按成因可划分为平流霜冻、辐射霜冻、混合霜冻;按季节可划分为春季霜冻(亦称晚霜冻,多出现在喜温作物的出苗(移栽)之后),秋季霜冻(亦称早霜冻,发生在喜温作物成熟之前),冬季霜冻;按是否产生霜划分为白霜冻(产生白色冻结物)和黑霜冻(不产生白色冻结物)(杨虎等,2012)。

9.1.2　等级划分

作物霜冻害分为3级《作物霜冻害等级》(QX/T 88—2008)。

轻霜冻:气温下降比较明显,日最低气温比较低;植株顶部、叶尖或少部分叶片受冻,部分受冻部位可以恢复;受害株率应小于30%;粮食作物减产幅度应在5%以内。

中霜冻:气温下降很明显,日最低气温很低;植株上半部叶片大面积受冻,且不能恢复;幼苗部分被冻死;受害株率应在30%～70%;粮食作物减产幅度应在5%～15%。

重霜冻:气温下降特别明显,日最低气温特别低;植株冠层大部叶片受冻死亡或作物幼苗大部分被冻死;受害株率应大于70%;粮食作物减产幅度应在15%以上。

9.2　灾害分布特征

9.2.1　空间分布特征

(1)冻害

冻害主要发生在西北、华北、华东、中南地区,影响最大的是北方冬小麦区北部,主要有准噶尔盆地南缘的北疆冻害区,甘肃东部、陕西北部和山西中部的黄土高原冻害区,山西北部、燕山山区和辽宁南部一带的冻害区以及北京、天津、河北和山东北部的华北平原冻害区。在长江流域和华南地区,冻害发生的次数虽少,但丘陵山地对南下冷空气的阻滞作用,常使冷空气堆积,导致较长时间气温偏低,并伴有降雪、冻雨天气,使麦类、油菜、蚕豆、豌豆和柑橘等受严重冻害。

（2）霜冻

我国各地的初霜总体上是自北向南、自高山向平原逐渐出现。而终霜日期的分布与初霜日期的分布总体上正好相反。这就导致我国各地的霜期主要呈自北向南、自高山向平原逐渐缩短的分布。青藏高原、东北地区以及新疆东北部霜期最长，全年在 250 d 以上，其中青海南部、西藏东部地区多达 350 d 以上，是终年有霜的地区。而海南岛霜期最短，部分地区终年无霜（许艳等，2009）。

9.2.2　时间分布特征

9.2.2.1　年变化

（1）冻害

以受冻害影响较为显著的柑橘为例，利用柑橘生育期内气温、降水等气象因子构建的综合冻害指数研究表明，1961—2009 年湖北全省柑橘越冬期冻害呈显著下降的变化趋势（图 9.1），平均综合冻害指数为 3.1，其中高于平均综合冻害指数的年份有 26 a，占 53%；低于平均综合冻害指数的年份有 23 a，占 47%。从年代分布来看，综合冻害指数随年代进程而下降，以 20世纪 60 年代的综合冻害指数最高，达到了 4.1，20 世纪 70 年代为 3.6，20 世纪 80 年代、90 年代下降至 3.0 左右，21 世纪的头 9 a 综合冻害指数下降至最低，只有 2.6。综合冻害指数的下降表明柑橘的冻害程度在减轻。

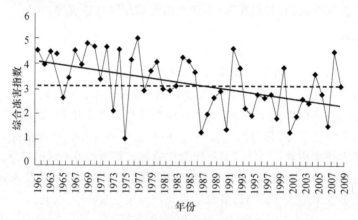

图 9.1　湖北省柑橘越冬期综合冻害指数随时间进程的变化

（虚线为累年平均值，实线为线性趋势线）（引自马德栗等，2013）

（2）霜冻

初、终霜冻日期及无霜冻期标准差和极差北方地区较南方地区偏小；全国大部地区终霜冻日期的年际间差异比初霜冻日期大，无霜冻期的年际变化又比终霜冻日期大；从线性变化趋势看，近 47 a，全国平均终霜冻日期提早 2.0 d/(10 a)，初霜冻日期推迟 1.3 d/(10 a)，无霜冻期延长 3.4 d/(10 a)；终霜冻日期提早幅度大于初霜冻日期推迟幅度；从年代际变化来看，全国平均终霜冻日期自 20 世纪 80 年代起明显提早，初霜冻日期 20 世纪 90 年代开始明显推迟，全国平均终霜冻日期提早时间明显比初霜冻日期推迟时间长；同终霜冻期年代际变化一样，全国平均无霜冻期自 20 世纪 80 年代起明显延长（叶殿秀等，2008）。

9.2.2.2　月变化

冻害和霜冻常出现在秋、冬、春三季。多为寒潮南下,短时间内气温急剧下降至 0℃ 以下引起;或者受寒潮影响后,天气由阴转晴的当天夜晚,因地面强烈辐射降温所致(中国气象局,1993)。

我国地域广阔,初霜冻出现日期也大不相同。新疆北部、内蒙古及东北北部地区 9 月中旬出现初霜冻;东北大部、华北北部、西部及西北地区 9 月下旬到 10 月上旬出现;11 月上旬初霜线南移至秦淮一带;11 月下旬到达西南及长江中下游地区。12 月上旬到达南岭;华南中北部初霜冻则在 12 月下旬到 1 月中旬之间出现。

9.2.2.3　日变化

冻害和霜冻一般发生在夜间到凌晨,没有明显的日变化特征。暮春、早秋,一场寒潮强烈降温过去后,东北区处于高压脊里,雨停云散,风力较弱,由于冷空气平流作用,使气温降得很低,夜间辐射又再降温,产生冻害和霜冻。

9.3　成因分析

9.3.1　气象条件

9.3.1.1　天气系统

(1)冻害

一般而言,亚欧大陆中高纬为两槽一脊径向环流,在贝加尔湖地区形成强劲的大陆冷高压,高压脊前有很强的偏北-西北急流带,长波槽分别位于欧洲西部和贝加尔湖以东(以下简称东亚槽),东亚槽西南部的西北气流形成一横槽,使得东西伯利亚超极地冷空气和西欧东移冷空气在蒙古国聚积加强。中东西伯利亚的地面冷高压随着东北气流加强范围不断扩大,强度明显增强。随着阻塞高压东北部脊区向东南方向移动,东亚槽横槽转竖槽,引导中、东西伯利亚强冷空气向南迅猛暴发,造成长江中下游地区出现雨雪、大风、强降温天气(陈江锋等,2015)。

(2)霜冻

霜冻的发生主要是由于西伯利亚冷空气南袭的影响,初秋温度低于 0℃ 的冷气团从北部地区流入,产生的霜冻称为平流霜冻,这种霜冻出现的区域很大,降温幅度大,持续时间长,因此,危害面很广。在晴朗无风的夜里,由于地面及近地面空气层强烈辐射失热,冷却而形成辐射霜冻。它持续时间较短,通常是 2~4 h,局部地区经常处在冷空气易侵入而不易流出的低洼地,对作物危害较轻;当有冷空气侵袭时,当地的温度已在显著下降,而在夜间,又由于湿度小、天气晴朗、微风有利于强烈的冷却辐射,使温度猛烈下降而形成平流辐射霜冻,这种霜冻的危害性比单独的辐射或平流霜冻危害性要严重得多,常造成作物整株死亡或颗粒不收。

9.3.1.2　气象要素及影响因子

(1)冻害

冻害的发生,在很大程度上取决于天气条件、自然地理条件和下垫面的性质。冻害多是在温度显著下降的寒冷夜晚发生,这种夜晚的天气特点是晴朗少云,空气湿度不大,风力较弱。

在这种情况下,地面有效辐射增大,地面附近的冷空气与上层的暖空气乱流交换小,地面很快冷却,温度显著下降,易发生冻害。

(2)霜冻

研究表明,当最低气温降到1℃时,有50％左右的机会出现霜冻。当最低气温达到0℃时出现霜冻。为此,常选用最低气温1℃作为霜冻指标。作物受霜冻危害程度,除气温作用外,还与湿度、风速、低温持续时间及作物生长状况等因素有关(孟繁胜等,2010)。

9.3.2 承灾体

9.3.2.1 主要影响行业

冻害和霜冻主要对农业的影响较大,主要包括稻类、麦类、玉米、高粱、谷子、甘薯、马铃薯、棉花、大豆、花生、油菜等粮食性和经济性作物(中国气象局,1993)。

作物遭受冻害和霜冻危害的主要原因是低温冻结导致的细胞脱水,代谢过程被破坏,原生质结构受损伤以及细胞内冰块机械损伤。当温度降到0℃以下时,植物内部细胞与细胞之间的水分被冻结成冰晶,导致细胞和组织发生结冰现象,从而使体积膨胀。当细胞之间的冰粒增大时,细胞就会受到压缩,细胞内部的水分被迫向外渗出,细胞失去过多的水分,其内部原来的胶状物逐渐凝固,易造成原生质体过度脱水,细胞膜透性增大,破坏了细胞原生质结构,从而导致植株受伤或死亡。特别是在严寒霜冻以后,气温又突然回升,水分蒸发量大,植物渗出来的水分很快变成水汽散失掉,细胞失去的水分无法复原,导致死亡。

9.3.2.2 暴露度

冻害和霜冻的暴露度主要包括农作物暴露度,通常是以农作物播种面积或播种面积占耕地面积比例为计算指标。统计数据显示,1985—2012年我国多年平均农作物暴露面积约为1.53亿 hm²,在空间分布上总体表现由中东部地区向西部地区减小的特点。

9.3.2.3 脆弱性

冻害和霜冻的脆弱性主要计算指标为歉年平均减产率。该指标反映实际产量低于当年趋势产量的百分率的平均状况,平均减产率越大,说明该地作物产量受到气象灾害影响程度越大。

9.3.3 其他孕灾环境

9.3.3.1 地形地貌

地面的自然地理条件对冻害和霜冻的发生有很大影响,如:洼地、盆地不仅有辐射冷却而且冷空气容易流入而难于排出,所以冻害和霜冻就重。不同的地形条件,所遭受的冻害和霜冻情形也不同,经常是北坡重,南坡轻,东坡、东北坡重,西坡、西南坡轻,山下重,山坡中间最轻。

9.3.3.2 河流、水系

土壤条件对冻害也有影响,土壤湿度小,疏松土壤由于热容量、导热率均小,白天积蓄的热量少,夜间温度下降大,则容易发生冻害。其他如植物密度、防风林、较大的水面等对冻害的发生都有不同的影响。

9.4　灾害调查现状

9.4.1　相关标准

关于霜冻和冻害方面的标准有《香蕉寒害评估技术规范》(QX/T 199—2013)、《荔枝寒害评估》(QX/T 258—2015)、《农业气象观测规范　枸杞》(QX/T 282—2015)和《农业气象观测规范　柑橘》(QX/T 298—2015)、《农业气象观测规范　冬小麦》(QX/T 299—2015)、《农业气象观测规范　马铃薯》(QX/T 300—2015)等。

9.4.2　工作现状

9.4.2.1　调查开展机构

目前,气象、农业、园林等部门开展冻害和霜冻调查。如:2018 年 4 月,河南省气象局派专家组深入三门峡、驻马店、濮阳、商丘等地,对当地果树、设施农业和小麦遭受冻害情况进行调查与评估工作;2016 年 2 月,济南市园林局对公园景区的植物开展冻害调查;2016 年 1 月,福建省气象局组织专家组开展作物冻害调查;2018 年 5 月,新疆维吾尔自治区昭苏县气象局联合农业局、保险公司等成立调查组到该县喀拉苏镇、夏塔乡等地对小麦、油菜、蚕豆等农作物开展霜冻调查;2018 年 4 月,枸杞气象服务中心联合国家枸杞工程技术研究中心、宁夏中宁枸杞产业发展局、中宁县气象局开展枸杞霜冻灾害调查。

9.4.2.2　业务规定和工作制度

目前,气象部门已制定了相关规定。如:2008 年 5 月中国气象局印发了《全国气象灾情收集上报调查和评估规定》和《全国气象灾情收集上报技术规范》,将气象灾情收集上报调查和评估工作纳入日常业务。2018 年 1 月安徽省气象局印发了《安徽省气象灾害调查业务管理规定(试行)》,进一步规范安徽省气象部门气象灾害调查工作。

9.4.3　调查内容和方法

9.4.3.1　监测手段

除了常规地面气象观测手段和农业气象观测外,利用 NOAA/AVHRR 等卫星遥感资料得到的归一化植被指数(NDVI)的变化情况来监测冻害和霜冻的方法也逐步发展起来。

9.4.3.2　调查内容

(1)现场调查

主要从观测地点、受害程度、受害部位及症状,从作物受害开始至受害症状不再加重为止,在灾害发生后及时进行调查(QX/T 298—2015《农业气象观测规范　柑橘》)。

(2)气象因素

主要包括过程气温≤0℃持续时间,极端最低气温及日期(QX/T 293—2015《农业气象观测资料质量控制　作物》)。

(3)承灾体因素

调查作物生长状况、生长量、产量、品种、抗冻性、人为肥水施用和管理情况,记录灾害的开始日期和终止日期、受害症状(植株形态特征)、受害程度(危害等级)、成灾面积和比例、灾前灾后采取的主要措施、预计对产量的影响、成灾的其他原因、减产趋势估计、调查地块实产等(中国气象局,1993)。

(4)历史因素

1)调查点历史上受灾情况,包括受灾主要区域、成灾面积和比例以及并发的主要灾害、造成的其他损失等。

2)调查点及调查作物的历史基本情况:调查日期、地点、位于气象站的方向和距离、地形、地势、前茬作物、作物名称、品种类型、栽培方式、播栽期、所处发育期、生产水平等。

9.4.3.3 调查方法

采用实际调查与访问调查相结合的方法。在灾害发生后选择能反映本次灾害的不同灾情类型(轻、中、重)的自然村进行实地调查(如观测地段代表某一种灾情等级,则只需另选两种调查点)。调查在灾情有代表性的田块上进行,主要调查受害症状、植株器官受害程度等。调查时间以不漏测所应调查的内容,并能满足情报服务需要为原则。根据不同季节、不同灾害由台站自行掌握。一般在灾害发生的当天(或第二天)及受害症状不再变化时各进行一次。

9.5 灾害调查案例

【2018 年安徽茶叶霜冻灾害】

(1)受灾情况

2018 年 4 月 4—8 日,安徽省南部地区遭遇持续严重低温天气过程,多处出现零下低温导致出现结冰和霜冻现象,这是近几年来一次较为严重的倒春寒。此时正值春茶发芽采摘期,此次过程导致六安、滁州、宣城、池州、芜湖等地区的茶叶受灾情况严重。其中六安市茶园遭受冻害面积 26.4 万亩,严重冻害茶园面积 13.5 万亩,造成直接经济损失约 1.22 亿元;滁州市茶场受灾面积占比达 70%～100%,直接经济总损失约 1000 万元。

(2)致灾机理分析

1)气象因素

从 4 月 5 日 08 时高空观测、卫星云图和地面图来看,500 hPa 有低压槽,安徽地区位于槽前,地面北部是冷高压中心,安徽一带有风切变,地面吹偏北风,850 hPa 有强冷平流。地面冷锋是造成此次过程大风和强降温的主要原因,导致出现倒春寒,平均气温下降了 8～10℃,绝大部分地区出现持续的低温天气,部分台站在 4 月 7 日和 8 日早晨均有霜冻现象。

2)环境因素

从现场调查的结果来看,此次茶叶冻害的主要茶园地势海拔较低,一般以丘陵和低山平地为主,如受灾情况严重的霍山土涛云峰茶厂海拔 14 m,受害茶园的地形主要以平淌田或低凹地为主,当早晚温度较低冷,空气下沉聚集不散,使茶园处于较低温度环境,白天日出之后气温迅速回升,巨大的温差使幼嫩的茶树新芽叶受冻害成灾。同时参照安徽省宣城地区的高产茶园基本无受灾现象,发现低海拔的平田和低凹地茶园为主要的受灾环境。

3)承灾体因素

一般来说,茶叶在生长的过程中需要稳定的热量条件,即满足一定的光照和温度条件茶叶可以良好地生长,茶树对温度的适应性因品质差异较大,最适宜温度为 20～30℃。当气温下降到冰点(0℃)左右或者冰点以下,茶树体内发生冰冻导致细胞内结冰或细胞间结冰,互相发生机械挤压破坏了原生质的结构致细胞死亡,在解冻时也有可能因原生质失水而造成细胞死亡。长时间的持续低温会降低茶树的根系活力和光合作用,影响茶树的生理机能,导致其生长发育延迟,茶叶产量会受到严重影响。此外,大多数茶农和茶园管理人员对当地气象部门针对此次低温过程的预报和信息等提醒服务未能引起足够重视,未及时采取相关保护和减灾措施,导致经济损失较大。

(3)历史情况调查

根据资料查阅,安徽茶叶近十年遭受了六次低温冻害的影响,主要集中在大别山区和皖南山区等地。

第10章 沙 尘 暴

10.1 概述

10.1.1 定义

《沙尘天气等级》(GB/T 20480—2017)将沙尘暴定义为:强风将地面尘沙吹起,使空气很混浊,水平能见度小于 1 km 的天气现象。

10.1.2 等级划分

沙尘天气按照当时的地面水平能见度划分,依次分为浮尘、扬沙、沙尘暴、强沙尘暴和特强沙尘暴五个等级(表 10.1)(GB/T 20480—2017《沙尘天气等级》)。

表 10.1 沙尘天气分级

	浮尘	扬沙	沙尘暴	强沙尘暴	特强沙尘暴
能见度	<10 km	(1~10 km)	<1 km	<500 m	<50 m
风力(级)	≤3	—	—	—	—

依据成片出现沙尘天气的国家基本气象站和国家基准气候站的数目和沙尘天气等级划分,又将沙尘天气过程分为 5 个等级,其中沙尘暴天气过程是指在同一次天气过程中,相邻 3 个或 3 个以上国家基本(准)站在同一观测时次出现了沙尘暴或更强的沙尘天气《沙尘天气等级》(GB/T 20480—2017)。

10.2 灾害分布特征

10.2.1 空间分布特征

沙尘暴主要发生在我国北方地区,统计 1961—2006 年年平均沙尘暴日数,发现南疆盆地、青海西南部、西藏西部及内蒙古中西部和甘肃中北部是沙尘暴的几个多发区,年沙尘暴日数在 10 d 以上,南疆盆地和内蒙古西部两地的部分地区超过 20 d;准噶尔盆地、河西走廊、内蒙古北部等地的部分地区有 3~10 d;西北的东南部、华北的中南部和东部、黄淮、东北的中西部及新疆、青海、四川、湖北等省(自治区)的部分地区在 3 d 以下。

10.2.2 时间分布特征

10.2.2.1 年变化

对我国北方地区,包含青海、甘肃、内蒙古、宁夏、山西、陕西、河南、河北、北京、天津十个省

（自治区、直辖市）1960—2007 年沙尘暴频数的逐年变化进行研究发现,年沙尘暴频数整体呈波动式下降趋势(图 10.1)(杨静,2015)。

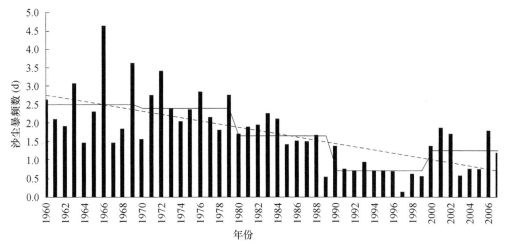

图 10.1　我国北方 1960—2007 年沙尘暴年际变化图(引自杨静,2015)

10.2.2.2　月变化

利用 1960—2007 年我国北方地区沙尘暴资料,对各月频率分布进行了统计,发现春季(3—5 月)是研究区沙尘暴高发期,占全年沙尘暴总频数的 66.5%,尤其以 4 月最为突出,占全年沙尘暴频数的 31.8%(图 10.2)(杨静,2015)。

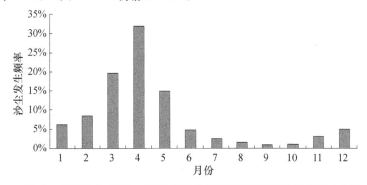

10.2　我国北方 1960—2007 年沙尘暴月际变化图(引自杨静,2015)

详细而言,不同地区沙尘暴的季节分布又有一定的差异,可大致分为四类(王式功,2010)。

——冬春单峰型,其特点是冬季和春季的沙尘暴相对较多,并且只有一个波峰(波峰出现的时间大致为冬末春初),例如西藏申扎和青海兴海 12 月至次年 4 月沙尘暴日数分别占全年总数的 95.6% 和 92.6%。

——冬春双峰型,其特点是 1 月和 4 月各有一个波峰,4 月的波峰明显高于 1 月,例如北京和河南郑州,1—5 月的沙尘暴日数分别占全年总数的 74.6% 和 80.5%。

——春季多发型,其特点是沙尘暴主要集中在 3—5 月,例如辽宁阜新、内蒙古朱日和、山西河曲、宁夏盐池和新疆吐鲁番,这一时段的沙尘暴日数依次占全年总数的 80.9%,73.9%,72.5%,60.7% 和 68.5%。

——春夏频繁型,其特点是沙尘暴主要集中在 3—8 月,例如甘肃敦煌、民勤,青海格尔木,内蒙古拐子湖,新疆和田、柯坪、民丰等,这一时段的沙尘暴日数占全年总数的比例依次为47.1%、41.8%、50.9%、45.1%、48.0%、40.0%和40.9%。

10.2.2.3 日变化

研究我国北方沙尘暴的日变化发现,沙尘暴开始时间的频率自午夜零点呈波动式上升趋势,并在13时LST达最大值,之后迅速下降并在16时降至低值后开始上升,在19时LST达第二高值。其中,02—04时以及20—23时是沙尘暴的两个低发时段(图10.3)(杨静,2015)。

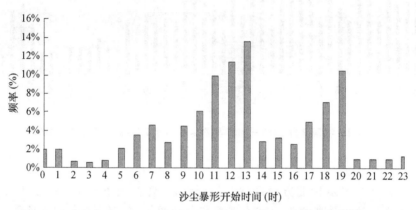

图10.3　我国北方1960—2007年沙尘暴开始时间频率图(引自杨静,2015)

10.3　成因分析

沙尘暴的发生频次和强度,与气候因子、环境因子和人类活动有着内在的必然的联系(图10.4)(张钛仁,2015)。沙尘暴的发生必须具备三个条件:大风、热力不稳定层结、沙尘源。其中大风和沙尘源是两个最基本的条件,前者是动力,后者是物质基础。

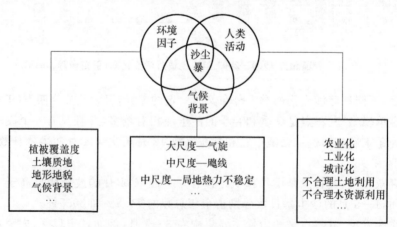

图10.4　沙尘暴形成机理概念模型(引自张钛仁,2015)

10.3.1　气象条件

10.3.1.1　天气系统

大量研究表明,大尺度的强冷空气、中尺度的干飑线和小尺度的局地热力不稳定,是沙尘暴形成的主要动力条件(范兰艳等,2016)。形成我国强沙尘暴和特强沙尘暴的天气系统分为锋面气旋型、强干冷锋型、气旋和干冷锋混合型、冷高压南部倒槽型、干飑线＋冷锋的强对流性混合型、强冷锋＋蒙古高压＋柴达木低涡发展型(刘景涛等,2004;王式功,2006)。

10.3.1.2　气象要素及影响因子

(1)大风

起沙风速是指使沙粒起动的临界风速,其值与沙粒的粗细、地表性质等多种因素有关。杨静等研究发现我国北方最大风速值明显超过起沙风速值,最大风速与沙尘暴之间表现出更明显的相关性。对 1960—2007 年我国北方沙尘暴发生时 10 min 最大风速及其风向进行了统计,发现尘暴期间各站点主要盛行西北风,平均最大风速为 13.7 m/s,而 10～20 m/s 的风速为沙尘暴主要驱动风速(表 10.2)(杨静,2015)。

表 10.2　我国北方沙尘暴发生时 10 min 最大风速所占频率(%)

	10 min 最大风速(m/s)					
	$(\infty,5]$	$(5,10]$	$(10,15]$	$(15,20]$	$(20,25]$	$(25,\infty)$
沙尘暴	1.0	15.0	41.0	31.9	9.0	2.1

张钛仁使用 1961—2002 年我国 175 个站春季沙尘暴日数,选用瞬时风速≥17.2 m/s 的大风日数作为风力条件指标,研究表明,春季沙尘暴日数均与本地 8 级大风日数存在较为明显的正相关(图 10.5)(张钛仁,2008)。

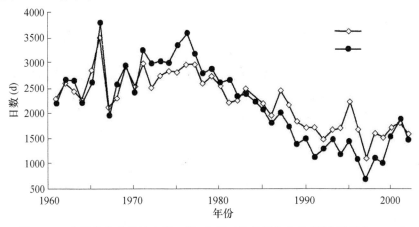

图 10.5　我国北方春季沙尘暴日数、大风日数的逐年变化(引自张钛仁,2015)

(2)其他因子

尽管研究区沙尘暴频数和最大风速在某些站点表现出高度相关性,但表现相关性的站点在空间分布上并没有明显的规律,从而进一步证明,除强风条件可驱动沙尘暴天气的发生、发展外,还有其他因素影响沙尘暴的发生与发展。

1)降水:降水量增多有利于植物的生长,使地表植被覆盖度增大;反之,降水减少会导致植被变得稀疏,地表裸露面积相应加大。因此,降水通过控制植被的生长状况抑制地表松散物质向大气的输送从而对尘暴的发生频率产生影响。另外,降水直接决定地表的干湿状况,进而影响地表松散物质被风吹起进入大气的多寡。

2)气温:气温对沙尘暴影响比较复杂,它主要通过影响风速、土壤含水率 W 及地表植被的生长情况来改变沙尘暴的发生频率(范一大等,2006)。申向东等研究发现沙尘暴与地温呈正相关(申向东等,2003)。

10.3.2　承灾体

10.3.2.1　主要影响行业

沙尘暴的危害大体可归纳为:沙埋、风蚀沙割、大风袭击、污染大气 4 种(王式功,2010)。沙尘暴在移动过程中会对其路径和下游地区的农业、林业、畜牧业、工业、交通等方面造成重大影响。此外,沙尘暴的发生除可直接造成人员伤亡外,对人体的耳、鼻、喉、眼、皮肤、心血管系统等都有很大的危害。

10.3.2.2　脆弱性

与其他自然灾害一样,人类也是沙尘暴灾害最主要的承灾体。其脆弱性的大小主要体现在区域人口分布的多少,即人口密度。人口密度越高的地区,受沙尘暴灾害影响的人口越多,造成死亡的概率越高,沙尘暴灾害风险程度也越高。经济状况的脆弱性大小主要体现在区域经济发展水平和发达程度。经济状况越好的地区,沙尘暴灾害造成的破坏越严重,由此产生的可能经济损失越大,沙尘暴灾害风险程度也越高。农作物或经济作物是农业生产方面主要的沙尘暴灾害承灾体。往往一般的沙尘暴灾害就会造成农作物或经济作物较大的损失,特强沙尘暴灾害常常造成农作物或经济作物绝产绝收,直接经济损失巨大。其脆弱性的大小主要体现在区域农作物或经济作物种植面积,沙尘暴灾害多发区农作物或经济作物种植面积越大的地区灾情损失的风险程度越高。牲畜作为牧业生产方面主要的沙尘暴灾害承灾体,与沙尘暴灾害发生区或影响区是我国传统的牧业区或农牧交错区有关。其脆弱性的大小主要体现在区域牲畜分布的多少,即牲畜密度。牲畜密度越大的地区,受沙尘暴灾害的影响造成的牲畜死亡概率越高,可能的经济损失也越严重,灾情损失的风险程度也越高(李锋,2011)。

因此,根据沙尘暴灾害承灾体的脆弱性构成特点,选择人口密度、地均 GDP、耕地面积比、牲畜密度和灾情损失作为承灾体脆弱性的评估指标。

10.3.3　其他孕灾环境

10.3.3.1　地形地貌

我国北方地区地貌类型多为高原、盆地,地形开阔,来自西伯利亚—蒙古高压区的冷空气可以长驱直入,使这些地区成为我国沙尘暴灾害多发区、频发区。不同地形地貌的稳定性主要表现在沙尘暴灾害发生频率的差异。有关研究表明,不同地形地貌沙尘暴灾害发生频率大小依次为:沙漠和沙地及其边缘>高原>山地丘陵>平原(李锋,2011)。地形的狭管效应对局地沙尘暴的突然加强也是不可忽视的,当气流由开阔地带流入峡谷时,空气将加速流动,风速增大。比如:当冷空气由新疆入侵并经过塔克拉玛干等沙漠地带时,冷锋后的大风挟带了大量沙尘进入河西走廊,由于地形的"狭管效应"(图 10.6(彩)),风速不断加强,常常造成河西走廊出现强沙尘暴天气,这也是甘肃河西走廊易发生"黑风暴"的重要原因。

图 10.6(彩)　河西走廊狭管效应示意图

10.3.3.2　植被

　　沙尘暴的发生发展除了取决于特定的天气条件(强风、热力作用)外,还与下垫面条件有关。在下垫面条件中,最重要的条件是有无沙尘源的存在,而哪些地区能成为沙源,不仅取决于该地区所处的地理位置(干旱半干旱区、沙漠区),还与该地区的地表覆盖度有关。因此,在下垫面因子中,地表覆盖尤为重要,当地表覆盖度下降时,对表层土壤的保护能力下降。地表覆盖程度越差,表层土壤为强风提供沙尘的可能性就越高。张钛仁等采用气象观测数据和遥感数据,通过对 1983—2000 年我国北方 13 个省(自治区、直辖市)年平均最大植被覆盖度和 156 个沙尘暴站点沙尘日数平均值的对比发现,17 a 来我国北方地区的植被覆盖度整体上呈波动中增加的趋势,波动范围为 0.395～0.487,沙尘暴日数呈波动中下降的趋势,两者具有较好的一致性(图 10.7)(张钛仁,2015)。

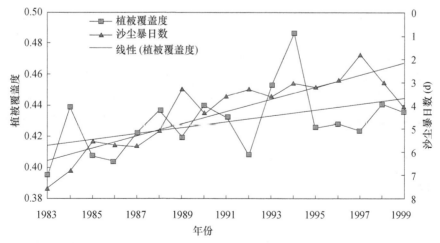

图 10.7　我国北方平均年最大植被覆盖度和平均沙尘暴日数年际变化
(1983—1999 年)(引自张钛仁,2015)

利用我国北方农田、草地、沙地、戈壁、盐壳 5 种下垫面,15 个气象站点 40 a 的大风与沙尘暴日数数据,对我国北方 5 种下垫面大风与沙尘暴日数之间的关系进行了研究,发现农田与沙地面积的扩大造成沙尘暴日数明显增多。土壤可蚀性也是沙尘暴灾害的孕灾环境主要影响因子之一,土壤中可蚀成分越多,潜在的地表供沙能力越强,沙尘暴灾害的发生概率越高(宋阳等,2005)。通过对阴山北麓土壤取样及室内理化分析,结合采样点的地表物质组成、植被覆盖度及土壤有机质含量等因素,分析了不同用地方式下土壤潜在可蚀性。结果表明耕地的平均土壤潜在可蚀性最大,草地的最小,灌丛和林地居于其间(李晓佳等,2007)。

10.4　灾害调查现状

10.4.1　相关标准

关于沙尘暴方面的标准有《沙尘暴天气监测规范》(GB/T 20479—2006)、《沙尘天气等级》(GB/T 20480—2017)、《沙尘暴天气预警》(GB/T 28593—2012)和《卫星遥感沙尘暴天气监测技术导则》(QX/T 141—2011)等。

10.4.2　工作现状

10.4.2.1　调查开展机构

在新疆、内蒙古、甘肃、青海等我国北方省份气象、林业、民政等部门均开展了沙尘暴灾害调查工作,且气象局开展了沙尘暴灾害调查和上报工作。

10.4.2.2　业务规定和工作制度

2005 年 7 月国家林业行政主管部门出台《重大沙尘暴灾害应急预案》,划分了沙尘暴灾害等级。(1)特大沙尘暴(Ⅰ级):影响重要城市或较大区域,造成 5～10 人以上死亡,或经济损失 5000 万元以上;(2)重大沙尘暴(Ⅱ级):影响重要城市或较大区域,造成 5～10 人以上死亡,或经济损失 1000 万～5000 万元,或造成机场、国家高速公路路网线路连续封闭 12 h 以上;(3)较大沙尘暴(Ⅲ级):造成人员死亡 5 人以下,或经济损失 500 万～1000 万元,或造成机场、国家高速公路路网线路封闭;(4)一般沙尘暴(Ⅳ级):对人畜、农作物、经济林木影响不大,经济损失在 500 万元以下。

《重大沙尘暴灾害应急预案》对重大沙尘暴灾害的预警、监测、等级标准、分布程序、应急响应、应急处置、调查评估等做出了明确规定,形成了一整套的工作运行机制。同时,林业局成立了沙尘暴灾害应急机构,负责沙尘暴灾害应急组织管理、指挥协调和应急处置工作,组成专家咨询组,负责沙尘暴灾害应急处置决策咨询、技术指导。各省(自治区、直辖市)相继出台相应的沙尘暴应急预案。

2008 年 5 月中国气象局印发了《全国气象灾情收集上报调查和评估规定》和《全国气象灾情收集上报技术规范》,将气象灾情收集上报调查和评估工作纳入日常业务。

10.4.3　调查内容和方法

10.4.3.1　监测手段

(1)激光雷达:主要用于探测中低层大气 80 km 以下的温度、密度、湿度、风场、臭氧密度、气溶胶的光学特性、污染物浓度,高层大气 80～110 km 中金属原子的密度、云底高度和云的厚度等。

（2）气象卫星：利用可见光、近红外、红外波段多波段融合技术，动态获取沙尘区信息。

（3）气象观测站：2456 个气象观测站和世界气象组织（WMO）交换气象站点观测资料，该观测网络覆盖我国及周边国家，提供天气现象、能见度、风向、风速等常规气象观测信息，可用于沙尘暴监测。

（4）沙尘暴监测站：中国气象局从 2004 年开始建设形成了 30 个站点组成的沙尘暴监测站网。站点分布在我国北方受沙尘暴天气影响较严重的地区，可以实时获得沙尘暴监测的重要数据：器测能见度、每分钟 PM_{10} 实时监测、气溶胶吸收和散射系数、24 h 平均滤膜样品及土壤含水量等。

（5）专业气象观测和大气特种观测

1）综合环境监测平台：乌鲁木齐、酒泉、兰州、呼和浩特等地各配备 1 套综合环境监测平台（粒子谱），开展大气化学相关监测。甘肃省配置综合环境监测移动平台 1 台，主要仪器有大气采样泵、TSP、PM_{10}、颗粒度计、硬度计、GPS、移动通信系统、实时摄录设备等专业仪器。

2）太阳辐射观测站：对一些站点现有太阳辐射观测项目和内容进行适当的扩充和改进。

3）地下水位观测站：临泽、阿拉善左旗、民勤、中卫、永登增加了 5 个地下水位监测点。

4）蒸渗计观测站：重点区域布设 17 个大型称重式蒸渗计，其中甘肃 7 个，新疆 2 个，内蒙古 4 个，宁夏 2 个，陕西 1 个，河北 1 个。

5）风廓线仪监测站：重点区域布设 6 部风廓线仪，用于获取连续的高空风场以及大气垂直运动状况。

6）沙尘观测梯度塔：民勤风沙口附近建立 1 个沙尘监测梯度塔，配备全自动化的专业监测设备，进行沙尘暴天气梯度观测。

（6）从 2001 年开始，国家环境保护总局在中国环境监测总站成立了"全国沙尘暴监视网络中心"，并初步构建起沙尘暴监测网络。

（7）2008 年国家林业局在北方 12 个省会城市和 13 个重点区域布设了 25 个沙尘暴地面监测站，设置大流量总悬浮颗粒物采样器、沙尘暴采样器、沙尘暴垂直降尘采集器等。配备有实验台、样品柜、电子天平、光学显微镜、恒温干燥箱、温湿度仪、大气压仪、台式电脑、微型打印机、照相机、摄像机及其他实验用品。同时，出台《沙尘暴地面监测技术规程》，并于 2009 年 3 月 20 日开始实施。

10.4.3.2　调查内容

（1）现场调查

1）确定成灾范围

沙尘暴经过范围内所有遭受破坏的物像、目击者。

2）灾害损失调查：包括人员伤亡、建（构）筑物损毁、基础设施破坏、农业损失、资源破坏和其他损失情况。

3）诱发因素调查：包括沙尘天气等级、地形地貌、周围环境（其他粉尘来源）和人类活动等其他因素。

（2）气象观测资料调查

1）观测台站概况

调查观测台站的类别、观测资料内容等，并注明观测台站与沙尘暴灾害现场的水平距离、方位。

2）地面观测资料

调查地面观测记录，包括：自动气象观测站记录的沙尘暴发生时的能见度、颗粒物、风速、风向、天气现象、持续时间等信息；沙尘暴观测站记录的 PM_{10}、PM_{30}、土壤湿度、降尘量等信息。

3）其他气象观测资料

沙尘暴发生地点如建有综合环境监测平台、太阳辐射观测站、地下水位观测站、蒸渗计观测站、风廓线仪监测站、沙尘观测梯度塔，需进一步收集相应观测资料。

4）卫星资料

收集灾害发生区域卫星云图，了解沙尘暴灾害发生、发展、演变过程，沙尘暴灾害区域下垫面土地利用/覆盖、植被覆盖度、土壤墒情等状况。

（3）其他资料调查

1）历次沙尘灾害记录（发生的时间、频次、规模、形成过程和灾害情况）。

2）收集沙尘暴灾害形成与诱发因素资料、下垫面状况（地形、植被种类、土壤类型等）。

10.4.3.3　调查方法

（1）目视：依据相关技术标准、专业知识、经验等通过直接观察获取灾害现场信息。

（2）访谈、问卷：直接向受灾人员、受影响人员、救灾工作人员询问、谈话、问卷从而获取灾害现场信息。目击者、报告者应在灾害调查表上签字确认。

（3）摄录（包含监控录像）。

（4）资料拷贝。

（5）无人机：尽可能利用无人机进行航拍。

10.5　灾害调查案例

【宁夏中卫地区"五·五"特大沙尘暴灾害调查】

1993年5月5日傍晚，一场罕见的特大沙尘暴袭击了宁夏中卫地区，人民生命财产和工农业生产受到极大危害，成为宁夏回族自治区的重灾区。

（1）沙尘暴灾情

据中卫县政府调查核实，中卫县16个乡、镇全部受灾，共死亡18人，失踪12人，受重伤38人，其中绝大部分为儿童和中小学生。中卫县共死亡丢失羊只2070只，其中死亡1827只，刮倒房屋224间，刮断电杆398根、广播杆380根，丢失电线39000 m。9处桥涵、桥闸等水利设施被损坏。粮食作物受灾面积达40280亩，成灾面积为14092亩，果园减产五成以上。直接经济损失达1213万元。

（2）天气过程

据中卫县及沙坡头气象站的观测，5月5日19时20分，特大沙尘暴自西北向东袭击沙坡头，09时26分抵达中卫县。在沙暴到达之前10 min，瞬时最大风速为37.9 m/s，最大风力12级。19时40分后，沙坡头风速逐渐减弱至10m/s以下。沙尘暴过境时，降温十分显著。70 min内，气温由26.2℃降为11.9℃，温度差达14.3℃。沙尘暴在中卫地区持续1～1.5 h，大风一直延续到6日夜间。此外，沙坡头降尘量明显增加。

（3）临近区域未受灾原因分析

中卫县境内,由于这场风暴袭击,损失惨重。然而距中卫县仅 21 km 的沙坡头地区,这里地处腾格里沙漠东南缘,有高大流动的格状沙丘,沙源丰富,在风暴来临时理应比中卫绿洲造成更大的危害。然而该地区却安然无恙,铁路安全运营(仅略晚点)位于铁路北的中卫固沙林场四泵站,花果很少被吹落,对本站及附近村落也未造成损失。究其原因,主要是:

1)该地区以固为主、固阻结合的铁路防护体系发挥了巨大的决定性作用,该体系始建于 20 世纪 50 年代,采用的是以植物固沙与工程措施相结合的措施,方格沙障增加地面粗糙度,对减低风速及输沙量,起了很大作用;

2)花棒、柠条、油蒿、中间锦鸡儿,乔木状沙拐枣等是沙坡头地区植物固沙所采用的主要植物种,对流沙的固定起了很大作用。在生物作用下,形成的沙地地表结皮,在 25.6 m/s 的风速下不致出现风蚀现象。

第 11 章 高温热浪

11.1 概述

11.1.1 定义

高温灾害是指由较高温度对动植物和人体健康，并对生产、生态环境造成损害的自然灾害《高温热浪等级》(GB/T 29457—2012)。

气象上将日最高气温≥35℃定义为高温日；将日最高气温≥38℃称为酷热日。每个测站连续出现3 d以上(包括3 d)≥35℃高温或连续2 d出现≥35℃并有一天≥38℃定义为一次高温过程，也称为高温热浪(温克刚等，2008)。

通常有干热型和闷热型两种类型：干热型高温：气温极高、太阳辐射强而且空气湿度小的高温天气，被称为干热型高温；闷热型高温：由于夏季水汽丰富，空气湿度大，在气温并不太高(相对而言)时，人们的感觉是闷热，就像在蒸笼中，此类天气被称之为闷热型高温(谈建国等，2009)。

11.1.2 等级划分

根据高温热浪指数将高温热浪等级分为3级，分别为轻度热浪(Ⅲ级)、中度热浪(Ⅱ级)和重度热浪(Ⅰ级)，见表11.1(GB/T 29457—2012《高温热浪等级》)。

表 11.1 高温热浪等级划分及说明用语

等级	指标	说明用语
轻度热浪(Ⅲ级)	$2.8 \leqslant HI < 6.5$	轻度(闷)热的天气过程，对公众健康和社会生产活动造成一定的影响
中度热浪(Ⅱ级)	$6.5 \leqslant HI < 10.5$	中度(闷)热的天气过程，对公众健康和社会生产活动造成较为严重的影响
重度热浪(Ⅰ级)	$HI \geqslant 10.5$	极度(闷)热的天气过程，对公众健康和社会生产活动造成严重不利的影响

注：HI是高温热浪指数，即表示高温热浪程度的指标。

11.2 灾害分布特征

11.2.1 空间分布特征

除东北、青藏高原极少或不出现高温天气外，其他地区均会出现不同程度的高温天气。华北南部、黄淮西部、长江中下游地区、华南(除沿海地区)及云南南部、新疆中部和南部、内蒙古西北部年高温日数有 10～20 d,南疆盆地、江南中部和南部可达 20～30 d,南疆盆地东部超过 30 d。盛夏季节,长江中下游地区常在西太平洋副热带高压控制下,出现高温酷热天气,是我国夏季热浪袭击的重灾区。梅雨季节过后的 7 月、8 月间,一般年份都会出现 20～30 d 的高温天气,梅雨期短的年份高温日数可超过 40 d(温克刚等,2008)。

我国年高温日数分布特征是东南部和西北部为两个高值区,全年高温日数一般有 15～30 d,新疆吐鲁番达 99 d,为全国之最;江南部分地区及福建西北部可达 35 d 左右。重庆市年高温日数也较多,有 35 d。

干热型高温一般出现在我国华北、东北和西北地区的夏季;闷热型高温一般出现在我国沿海及长江中下游以及华南等地区。在地理分布上,根据高温出现的特点,分为华北、西北、华南和长江中下游 4 大高温热浪区域(徐金芳等,2009)。

我国高温热浪频次、日数、强度高值区基本上都集中在江淮、江南大部和四川盆地东部等地,其中江西北部、浙江北部高温热浪频次最高,高温日数最多;浙江北部高温强度尤为突出(叶殿秀等,2013)。从高温日数和热浪次数来看,在空间分布上,除新疆地区外,夏季高温热浪从西北内陆到东南沿海地区逐渐增加(Hu 等,2017)。

11.2.2　时间分布特征

11.2.2.1　年变化

近 50 a 来我国夏季高温热浪的频次、日数和强度总体呈增多、增强趋势,但也呈现明显的阶段性变化特征,20 世纪 60—80 年代前期高温热浪的频次和强度呈减少(弱)趋势,80 年代后期以来呈增多(强)趋势。夏季高温热浪日数最多、强度最强的 3 a 都出现在最近的 10 a 内。区域变化特征明显,华北北部和西部、西北中北部、华南中部、长江三角洲及四川盆地南部呈显著增多(强)趋势;而黄淮西部、江汉地区呈显著减少趋势,全国其他地区变化趋势不显著。自 20 世纪 90 年代以来,我国高温热浪的范围明显增大(图 11.1、图 11.2、图 11.3)(叶殿秀等,2013)。

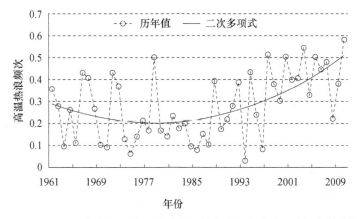

图 11.1　1961—2010 年全国平均夏季高温热浪频次历年变化(引自叶殿秀等,2013)

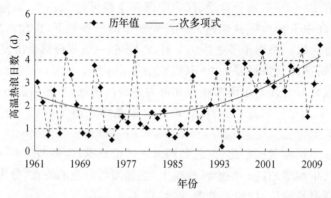

图 11.2　1961—2010 年全国平均夏季高温热浪日数历年变化(引自叶殿秀等,2013)

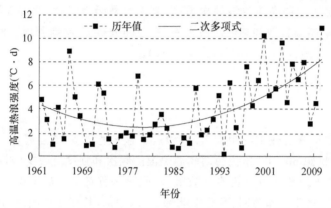

图 11.3　1961—2010 年全国平均夏季高温热浪强度历年变化(引自叶殿秀等,2013)

11.2.2.2　月变化

我国的高温热浪主要发生在每年的 5—9 月(贾佳等,2017;陈敏等,2013)。

利用 1961—2013 年中国 719 个基准站逐日气温数据,分别将气温≥35℃的日数>3 d、5 d 和 7 d 定义为弱高温热浪、中强高温热浪、强高温热浪,研究发现弱高温热浪开始时期最早,全国平均约开始于 7 月 3 日,而中强、强高温热浪分别为 7 月 13 日和 7 月 14 日。在我国大部分地区,3 种高温热浪开始日期均呈现提前趋势。3 种高温热浪结束日期均出现提前再推后的趋势,其中弱高温热浪结束日期最晚,而中强高温热浪结束最早。高温开始日期较早的地区,其结束日期也相对较早。3 种高温热浪结束日期的变化趋势均存在南北差异,南方呈现推后趋势,而北方则相反(表 11.1)。7 个子区域每年高温热浪持续时间均呈上升趋势,且大部分地区 1997 年前后增加迅速(贾佳等,2017)。

表 11.1　7 个区域 3 种等级高温热浪开始、结束日期

	西北	东北	华北	华中	华东	西南	华南
强高温开始日期	7 月 20 日	7 月 6 日	7 月 4 日	7 月 18 日	7 月 18 日	5 月 26 日	7 月 22 日
中强高温开始日期	7 月 13 日	7 月 9 日	6 月 30 日	7 月 18 日	7 月 20 日	5 月 27 日	7 月 23 日
弱高温开始日期	7 月 5 日	6 月 28 日	6 月 26 日	7 月 11 日	7 月 14 日	5 月 21 日	7 月 16 日
强高温结束日期	7 月 30 日	7 月 19 日	7 月 18 日	8 月 2 日	8 月 4 日	6 月 9 日	8 月 5 日

续表

	西北	东北	华北	华中	华东	西南	华南
中强高温结束日期	7 月 26 日	7 月 20 日	7 月 13 日	7 月 30 日	7 月 31 日	6 月 12 日	8 月 10 日
弱高温结束日期	8 月 3 日	7 月 22 日	7 月 20 日	8 月 3 日	7 月 14 日	6 月 25 日	8 月 5 日

时间变化上,华北地区高温热浪天气主要集中出现在 6—8 月,以 6 月、7 月最多,占高温天气的 90% 左右。华东地区高温热浪主要集中在 7 月、8 月,以 7 月中旬出现频率最大。华中、华南和西南地区主要集中在 7 月、8 月,分别占 85%、78% 和 80%(徐金芳等,2009)。

11.3　成因分析

11.3.1　气象条件

11.3.1.1　天气系统

高温热浪的形成往往是和特定的天气系统联系在一起。形成高温热浪的天气系统主要有副热带高压、大陆暖高压(脊)、热带气旋、热低压和弱冷锋过境等。

11.3.1.2　气象要素及影响因子

高温热浪的强弱与日最高气温、日平均相对湿度、高温天气持续时间、炎热临界值有关(GB/T 29457—2012《高温热浪等级》)。

研究发现中暑死亡数与前期气象因子的相关好于与当日气象因子的相关,当目前若干天日最高气温持续≥36℃和≥37℃的有效积累温度与中暑死亡数相关最好,持续极端高温是引发大量中暑死亡的根本原因。中暑死亡与湿度为显著负相关,与风速不相关(陈正洪等,2002)。

11.3.2　承灾体

11.3.2.1　主要影响行业

易受高温灾害影响的有农业,工业,电力,易燃易爆、有毒有害等物资的生产、存储、销售单位等。

(1)对人体的影响

高温热浪使人体感到不适,工作效率降低,导致事故率上升。高温热浪对人体健康的影响主要表现在中暑、热疾病发病率与超额死亡率方面,尤其会导致呼吸系统和心血管系统疾病的发病率和死亡率升高(祁新华等,2016)。

(2)对城市供电供水的影响

夏季高温期间,人们普遍开启空调、风扇、加湿器等电器降温,引起高温季节耗电量剧增;而电力负荷的增加又造成过多的人为热量向城市空气中释放,加剧了城市的热岛强度,从而需要更多的电力用来降温,导致电力供应紧张。同时,夏季人们在饮用、生活方面用水大增,城市中的各类生产生活用水量也显著增大,给城市供水部门带来巨大压力。

高温的出现,常伴随着干旱,造成城市供水困难,同时易产生火灾。

(3)对工业的影响

当气温≥38℃时,就需停止室外施工作业,影响正常的施工进度,造成很大损失。夏季高温对化工行业带来的损失也很大,化肥、盐碱等化工生产的适宜温度为 25℃左右,当气温≥35℃时对脱硫、碳化、合成、压缩等生产工序有严重影响。

此外,高温对食品加工业也非常不利,当气温高于 30℃时,易挥发性食品既难于生产又难于保存,其保存期随着气温的升高而缩短。高温热浪影响工业生产还表现在高温影响劳动生产率。在温度高、气压低的湿热天气,人的情绪会有强烈波动,劳动效率降低(张可慧等,2011)。

(4)对农业的影响

高温热浪期间持续高温少雨,土壤保水功能受损,农业减产,甚至引发社会稳定问题。高温对农作物本身也有很大的影响。过高的气温还可能使作物的蛋白质凝固变性,或积累有毒物质而直接受伤。

高温对林木的伤害突出表现在强烈的太阳辐射引起的枝干灼伤,灼伤常在干旱时并发,高温干旱还极易引发森林或草原火灾(谈建国等,2009)。

(5)对交通的影响

当气温超过 30℃时沥青路面在烈日暴晒下易软化发黏,影响行车速度,刹车易打滑,在低熔点沥青路面行驶更加危险。沙漠地区路面温度常达 70℃以上,橡胶轮胎易软化以至无法行驶,应改用特制的耐热轮胎(谈建国等,2009)。

(6)对生态环境的影响

高温热浪通过干扰森林、海洋生态系统的结构与过程,进而影响其生态服务功能。高温热浪容易引发病虫害与森林火灾,造成生态灾难。持续高温天气还可引发大面积蓝藻发生,导致水源污染。另外,异常高温的频繁出现可能会导致某些喜寒或不耐高温的物种消失(谈建国等,2009)。

(7)对体育运动成绩的影响

体育运动时身体要大量产热消耗体力,如温度过高,不利于运动员的体热散发,难以创造出好成绩,严重时还会发生事故造成伤亡。

11.3.2.2 暴露度

我国大部分地区均会遭受高温热浪的影响,根据高温热浪灾害的特点,通常考虑人口暴露度,即人口密度为暴露度指标。从我国高温的人口暴露度来看,未来情景下中国高温的人口暴露度明显增加。21 世纪后期我国强危害性高温的人口暴露度增幅显著,需要特别关注强危害性高温对人体健康的不利影响,重点加强对强危害性高温的预警和防范工作(黄大鹏等,2016)。

11.3.2.3 脆弱性

研究发现高温灾害脆弱性热点区域主要集中在我国新疆西部、豫西皖北交界处、四川盆地、洞庭湖流域、广西境内珠江流域;而华中地区湖北江汉平原和湖南洞庭湖流域、西南地区四川省和重庆市交界处的四川盆地、华东地区江浙沪一带、华南珠江流域,则是我国突出的高温灾害风险热点区。高温灾害脆弱性热点区和高温灾害风险热点区的分布出现比较明显的差异,高温灾害脆弱性热点区主要分布于高温胁迫较高或社会经济较差的不发达地区,区域人群由于经济上的适应能力较差而受到高温威胁的概率较大;而高温灾害风险则强调灾害一旦发生时的可能损失,其热点区域主要分布于人口聚集、经济较为发达的大城市区域。就主导因子分区来说,高温胁迫主导区域主要为平原、盆地以及大江大河流域,社会脆弱性主导区域主要位于经济欠发达地区以及脆弱性人群聚集区;人口暴露主导区域则主要集中在人口密集的中心城市和沿海地区(谢盼等,2015)。

11.3.3　其他孕灾环境

11.3.3.1　地形地貌

平原相对周围地势较低,水网密布,热量不易散失,夏季气温较高,形成高温闷热的“桑拿”天气。

山区上空空气具有较小的湿度,背风坡平原地区要低,这样在山脊附近相对干燥的热空气越山后,沿山坡下沉时将会以接近干绝热率增温,形成所谓的焚风效应,它所带来的增温将造成背风坡平原地区气温抬升,进一步加强城区的热岛效应。在不同的城市地表环境中,下垫面通过所获得感热和释放潜热的不同来影响近地面层温度(郑祚芳等,2006)。

11.3.3.2　河流、水系

研究指出,城市水域不但自身对应着相对较低的地表温度,即城市热环境中的“冷岛”,同时根据其面积大小以及区位,不同程度影响了局地的环境温度。夏季,水体对环境的影响主要发生在上风岸 2 km 以内和下风岸 9 km 以内,以 2.5 km 以内最为明显。离岸越远影响越弱。与较大面积水体邻近的面积 1.25 km² 的水体,可以使 2.5 km 之内温差达到 0.2~1.0℃(李书严等,2008)。

11.3.3.3　植被

地表植被的变化同时影响着地表的水蒸发量和热辐射强度,而天然森林、草地对促进蒸发和减少热辐射的作用要远高于耕地或城市地区。

植被和土壤水分具有稳定和调节局地气候的性能。当土壤变湿、植被增加时,地、气能量和水分交换能力增强,它使处于异常状态的系统能较快地回到正常状态。此外,植被本身还具有调节环境气候状态的性能,当土壤变干(湿)时,叶面通过气孔的闭合(张开)的程度使蒸腾减小(增强),从而使土壤水分的损失减小(增加),土壤水分能较快地回到正常状态。同样,当土壤温度较高(低)时,蒸散率增加(减少),潜热消耗增加(减少),从而温度降低(提高)(刘永强等,1992)。

11.4　灾害调查现状

11.4.1　相关标准

关于高温热浪方面的标准有《高温热浪等级》(GB/T 29457—2012)和《主要农作物高温危害温度指标》(GB/T 21985—2008)等。

11.4.2　工作现状

11.4.2.1　调查开展机构

目前,气象、林业等部门开展了高温热害调查工作,如:2016 年,临颍县气象局针对高温热害对夏玉米的影响开展了灾情调查;2017 年 7 月,安徽省气象局组织专家分别对旱情较重的贵池区梅街镇和舒城县张母桥镇开展了高温对农业的影响调查。

11.4.2.2 业务规定和工作制度

2008 年 5 月中国气象局印发了《全国气象灾情收集上报调查和评估规定》和《全国气象灾情收集上报技术规范》，将气象灾情收集上报调查和评估工作纳入日常业务。2018 年 1 月安徽省气象局印发了《安徽省气象灾害调查业务管理规定（试行）》，进一步规范安徽省气象部门气象灾害调查工作。各级气象部门所属的气象台站向社会公众发布高温预警信息。高温预警信号分三级，分别以黄色、橙色、红色表示。各级卫生、气象部门共同制定高温应急响应预案，并按照属地管理、分级响应的原则，科学分析判断，启动相应级别应急响应程序。

11.4.3　调查内容和方法

11.4.3.1 监测手段

主要包括常规观测和卫星监测，常规观测包括：高温事件系列监测指标（日最高气温 ≥ 35℃、高温持续时间、高温过程强度、37℃ 以上高温累积日数、40℃ 以上高温累积日数、高温过程内最高的日最高气温等）及极端判别标准，通过卫星遥感数据监测各地地表温度。

11.4.3.2 调查内容

（1）受灾区域基本情况

从自然背景信息和社会背景信息两个方面入手调查基本信息。

自然背景信息：指受灾区域的自然致灾因子、孕灾环境等，主要包括气象（气象台站概况、卫星雷达探测资料、大气环流、气温、高温持续时间、相对湿度），水文，地形地貌，地质，植被，历史受灾等信息。

社会背景信息：即承灾体信息，主要包括人口数量和年龄结构、居民住房信息、农作物种植结构和面积、区域经济发展水平、产业结构和规模等信息。

（2）受灾对象损失情况

从人员、居民房屋与家庭财产、农业、工业、服务业、基础设施、公共服务、资源环境、其他受灾对象九个方面开展调查。

11.4.3.3 调查方法

（1）调查仪器

GPS 定位仪、数码相机、摄像机、录音笔。

（2）调查方法

现场调查：包括全面调查、抽样调查、典型调查，宜采用现场测量、拍摄、录像、录音、现场记录和资料拷贝等方式进行。

文献调查：查阅气象资料，获取灾害发生时段的气温、相对湿度等信息；查阅历史资料获得历史灾情信息。

访谈调查：对灾害相关人员进行采访调查，如通过采访卫生部门了解高温热浪导致的疾病发病率情况，采访相关企业负责人了解高温热浪导致企业损失情况等。

11.5　灾害调查案例

【2017 年 7 月安徽高温灾害】

2017 年 7 月 11 日以来安徽省出现持续高温天气，晴热少雨天气导致旱情迅速发展，为准确了解在地农作物受灾情况,7 月 31 日—8 月 1 日,安徽省气象局农业气象中心联合池州市气象局、舒城县气象局业务人员赴灾情较重的贵池区梅街镇和舒城县张母桥镇开展了高温对农业的影响调查。

调查组实地调查了水稻及在地旱作物生长发育情况。当时池州等地中稻为孕穗期抽穗期,高温导致抽穗中稻花粉粒失活,结实率降低;夏玉米为抽雄吐丝期,高温使玉米出现秃尖、缺粒现象;大豆和棉花受高温影响落花、落铃,对后期产量有较大影响。另外,由于气温高,蒸腾量大,土壤失墒快,部分丘陵缺水地带水稻减产较多。

第 12 章　雾和霾

12.1　概述

12.1.1　定义

雾是悬浮在近地层大气中的大量微细乳白色水滴或冰晶的可见集合体(GB/T 27964—2011)。按天气系统分为气团雾、锋面雾;按物理过程分为冷却雾(辐射雾、平流雾、上坡雾),蒸发雾(海蒸、湖雾、河雾);按厚度分为地面雾、浅薄、中雾、深雾(高雾);按雾中的温度分为冷雾、暖雾;按相态结构分为冰雾、水雾、混合雾(孙奕敏,1994)。

霾是大量极细微的干尘粒等均匀地浮游在空中,使水平能见度小于 10.0 km 的空气普通混浊现象。霾使远处光亮物体微带黄、红色,使黑暗物体微带蓝色(QX/T 113—2010)。

雾和霾的区别:一般相对湿度小于 80% 时的大气混浊视野模糊导致的能见度恶化是霾造成的,相对湿度大于 95% 时的大气混浊视野模糊导致的能见度恶化是雾造成的,相对湿度为 80%~95% 时的大气混浊视野模糊,能见度恶化是霾和雾的混合物共同造成的,但其主要成分是霾(吴兑,2009)。

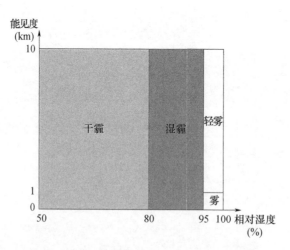

图 12.1(彩)　雾和霾的定义(引自吴兑,2009)

雾和霾的联系:由于干气溶胶粒子和云雾滴都能影响能见度,所以,能见度低于 10 km 时,可能既有干气溶胶的影响(即霾的贡献),也可能有雾滴的影响(即雾的贡献)。霾和雾在一天之中可以变换角色,甚至在同一区域内的不同地方,雾和霾也会有所侧重(张小曳等,2013)。

12.1.2 等级划分

（1）雾的等级

雾按能见度分为特强浓雾、强浓雾、浓雾、大雾、轻雾（表 12.1）（GB/T 27964—2011）。

表 12.1 雾的等级

等级	能见度（V）
轻雾	1000 m≤V<10000 m
大雾	500 m≤V<1000 m
浓雾	200 m≤V<500 m
强浓雾	50 m≤V<200 m
特强浓雾	V<50 m

（2）霾的等级

霾按照能见度分为重度、中度、轻度、轻微（表 12.2）（QX/T 113—2010）。

表 12.2 霾的等级（单位为 km）

等级	能见度（V）
轻微	5.0≤V<10.0
轻度	3.0≤V<5.0
中度	2.0≤V<3.0
重度	V<2.0

12.2 灾害分布特征

12.2.1 空间分布特征

（1）雾

西南地区是我国雾日最多的地区,四川盆地一年有雾日 20 余天,其中海拔 3000 余米的金佛山年雾日超过 100 d。长江流域以南地区雾日也比较多,其中湘赣地区较为典型。沿海地区雾也比较多,另外华北平原和东北平原在冬春季节会出现严重的持续性浓雾天气。各年代间的差异不明显。

在全部 743 个地面站中,雾日排在前 10 位的依次是四川金佛山、福建九仙山、四川峨嵋山、湖南南岳衡山、浙江括苍山、安徽黄山、浙江天目山、湖北绿葱坡、福建七仙山、江西庐山,全部位于长江以南地区。此外,山东泰山、吉林长白山、山西五台山、云南屏边、山东成山头、甘肃华家岭、陕西华山的雾日也比较多,年雾日超过 10 d。有一些台站年均雾日极少,多数在我国的西部地区,如:四川的小金、青海的贵德和冷湖年均雾日数为零,表明 50 余年来没有雾天气发生(吴兑,2009)。

(2)霾

我国霾日分布显示,20世纪50年代初期全国霾日都比较多,可能与中华人民共和国成立初期的战火和战后重建有关;在大陆中部和新疆南部普遍超过100 d,而新疆南部多霾可能与沙尘暴有关联;1956—1980年全国霾日都比较少,仅四川盆地和新疆南部超过50 d;20世纪80年代以后全国霾日明显增加,到21世纪大陆东部大部分地区几乎都超过100 d,其中大城市区域超过150 d,与经济活动密切相关。如辽宁中部年霾日长期超过300 d,新疆南部年霾日也超过200 d,四川盆地年霾日也超过150 d,华北平原、关中平原、长江三角洲地区的年霾日也比较多。

12.2.2　时间分布特征

12.2.2.1　年变化

(1)雾

图12.2为1961—2011年全国平均年雾日和轻雾日的历年变化,在1980年之前,雾日是缓慢增加的,由20世纪60年代的平均20 d增加到24 d,以后大致维持到20世纪80年代末。1990年以后,雾日迅速减小,到2011年降到15 d(丁一汇等,2014)。

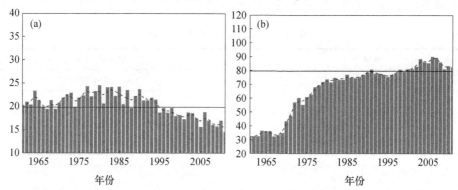

图12.2　1961—2011年全国平均年雾日(a)和轻雾日(b)的历年变化(粗实线为
1981—2010年气候平均;虚线表示9点平滑曲线,单位:d)(引自丁一汇等,2014)

(2)霾

图12.3为1961—2011年全国平均年霾日数的历年变化,最近30 a(1981—2010年)年霾日数的气候平均值为7.4 d,霾日长期演变的总体特征是呈不断增加的趋势。20世纪60年代全国平均年霾日在2~4 d,而到近5 a则上升到11~16 d,几乎增加了5倍,尤其是近8~10 a平均增长率为2.3 d/(10 a)。另一变化特征是,在总体上升过程中,可以划分为3个阶段,20世纪60—70年代是缓慢上升阶段,平均上升率为2.3 d/(10 a);20世纪80—90年代是平稳阶段,维持在每年平均5.2 d的霾日;2001—2011年,是快速上升阶段,上升率平均为8.8 d/(10 a)(丁一汇等,2014)。

12.2.2.2　月变化

(1)雾

图12.4为各月平均雾日数占全年天数的比例,可以看出绝大部分站点都是冬半年雾日数多,夏半年少。我国大部分地区多雾的月份主要集中在冬季的11月、12月和1月,占全年雾日数的12.8%,其中12月最多(吴兑,2009)。

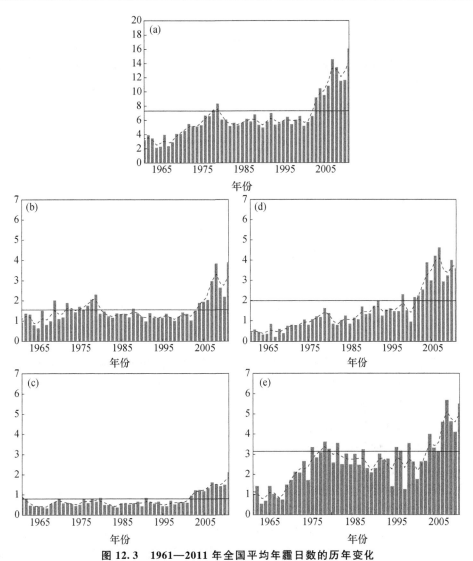

图 12.3 1961—2011 年全国平均年霾日数的历年变化

(a)年变化;(b)春季(3—5 月);(c)夏季(6—8 月);(d)秋季(9—11 月);(e)冬季(12 月至次年 2 月)。
粗实线为 1981—2010 年气候平均;虚线表示 9 点平滑曲线(单位:d)(引自丁一汇等,2014)

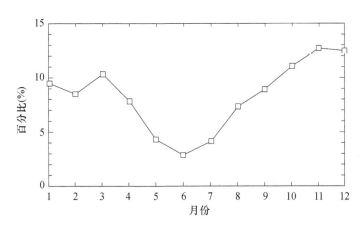

图 12.4 各月平均雾日数占全年天数的比例(引自吴兑,2009)

（2）霾

图 12.5 为各月平均霾日数占全年天数的比例，可以看出，就全国而言，12 月和 1 月霾天气日数明显偏多，2 个月霾日数的总和达到了全年的 30％；9 月霾天气日数最少，约占全年的 5％（吴兑，2009）。

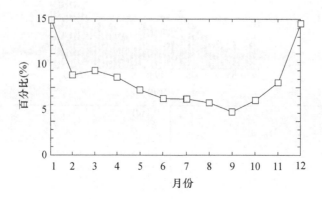

图 12.5   各月平均霾日数占全年天数的比例（引自吴兑，2009）

12.2.2.3   日变化

雾的日变化也很明显，尤其是辐射雾，它们大多数在夜间开始发展，清晨最强，有时在日出后 1 h 之内，雾中温度还继续下降，再加上地面蒸发及微弱的湍流交换，雾反而更浓，然后才逐渐消散或者抬升变成碎层云。平流雾、平流辐射雾和锋面雾，在一天内的任何时间都可以出现，而辐射因子则可使这些雾在夜间和清晨变得更浓。图 12.6 为大雾开始时间、持续时间和结束时间的年均站日数的日变化分布图，可以看出，1971—2005 年能见度资料显示，雾大多数开始于 20 时（北京时间，下同）至次日 08 时的 12 h 内，尤其以 06—07 时为最多。自 20 时起，起雾的年均站日数逐渐增加，到 05 时以后开始急剧增加。白天（08—19 时）起雾的频数很低。持续 3 h 的雾出现的频数（年均站日数）最高。高山站比普通站的雾持续时间会更长，甚至成天被雾笼罩。大多数雾结束于 08—12 时，其中 08—10 时雾结束的频率较高。综合来看，发生在我国的雾大多数属于辐射雾，持续时间不超过 10 h，主要发生在夜间到清晨（林建等，2008）。

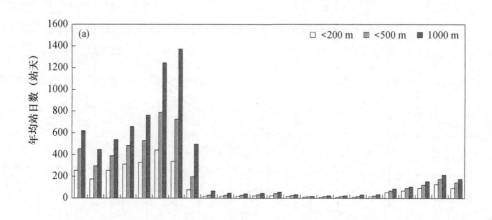

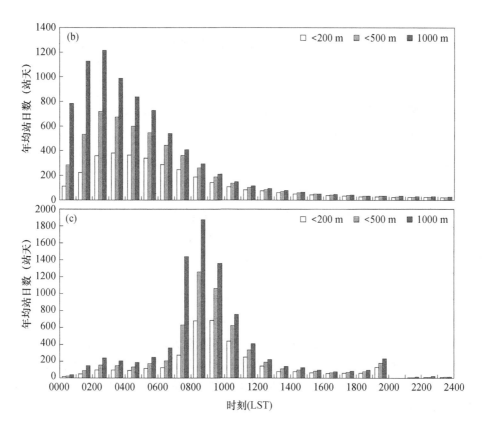

图 12.6　大雾(a)开始时间、(b)持续时间和(c)结束时间的年均站日数的日变化(引自林建等,2008)

12.3　成因分析

12.3.1　气象条件

12.3.1.1　天气系统

产生大范围大雾的天气系统分为均压型和锋前型两大类型。其中,均压型又分为一般均压型、高压前部均压型、低压前部均压型、高压底(后)部均压型 4 种;锋前型又分为高压前部型、高压前部低压型、高压前部低压倒槽型 3 种。均压型大多属于辐射雾类型,而锋前型则主要跟平流雾联系在一起(林建等,2008)。

12.3.1.2　气象要素及影响因子

大雾是局地特征十分明显的现象,其形成是由多种天气条件和环境因素决定的。天气系统、气温、相对湿度、风速、大气稳定度等诸多条件都会对大雾形成产生影响。

12.3.2　承灾体

12.3.2.1　主要影响行业

雾灾主要影响公路交通、海港、航空、人体健康、电力污闪;霾灾主要影响人体健康。

12.3.2.2 暴露度

根据雾霾灾害的特点,其暴露度通常考虑包括各级公路路网密度、人口密度和人均 GDP 等(邹晨曦等,2011)。

12.3.2.3 脆弱性

雾霾灾害的脆弱性通常包括按高速路、国道、省道、一级～四级公路等公路等级测算单位网格内路网密度指数(扈海波等,2010)。

12.3.3 其他孕灾环境

大雾日数的减少与城市化、经济发展和区域下垫面改变有密切关系,如城市规模扩大、人口增加、植被减少、建筑物密度增加和煤炭等能源消耗增多,这些都会导致城市热岛增强和空气湿度下降,不利于水汽凝结。经济发展、城市化导致耕地和林地面积的减少、建设用地面积的增加使空气中水汽减少,夜晚相对湿度降低,对大雾日数的减少有较大的促进作用(史军等,2010)。

我国地形复杂,多山、盆地、高原的复杂大地形决定了我国整体气流运动必定是复杂的。较高较平坦的地形有利于气流水平和垂直方向的活动,污染物不易聚集,雾和霾不易形成;地形低洼崎岖就会阻碍气流的水平和垂直方向的活动,污染物难以扩散,易导致雾和霾的形成。如成都地处低地势,其雾和霾较周围其他地区严重得多,东南沿海地区虽工业发达、人口密集,但其地势相对平坦且季风活动频繁,从而雾和霾现象较北方地区明显偏弱(陆冠锦等,2017)。

12.4 灾害调查现状

12.4.1 相关标准

关于雾和霾方面的标准有《雾的预报等级》(GB/T 27964—2011)、《水平能见度等级》(GB/T 33673—2017)、《地面气象观测规范 气象能见度》(GB/T 35223—2017)和《高速公路能见度监测及浓雾的预警预报》(QX/T 76—2007)等。

12.4.2 工作现状

12.4.2.1 调查开展机构

目前气象部门与交通部门联合组织大雾灾害调查。如 2017 年,安徽气象、交通等部门联合开展了"11.15 滁新高速"大雾灾害调查。

12.4.2.2 业务规定和工作制度

2008 年 5 月中国气象局印发了《全国气象灾情收集上报调查和评估规定》和《全国气象灾情收集上报技术规范》,就气象灾情收集上报调查和评估工作纳入日常业务。2018 年 1 月安徽省气象局印发了《安徽省气象灾害调查业务管理规定(试行)》,进一步规范安徽省气象部门气象灾害调查工作。2014 年,上海市印发了《上海市处置大雾气象灾害应急预案(2014 版)》。

12.4.3　调查内容和方法

12.4.3.1　监测手段

对雾和霾的监测手段主要包括前向散射能见度仪、激光雷达、卫星、雾滴谱仪、大气气溶胶观测仪。

12.4.3.2　调查内容

(1)受灾情况:包括因雾和霾灾害导致的人员伤亡和经济损失等情况。

(2)致灾成因:包括产生雾和霾灾害的天气系统、环流背景和灾害发生前后的气象环境条件、基于历史观测资料的雾和霾气候分布特征,以及灾害周边地形地貌等环境因素。

(3)历史灾情:统计灾害发生地历史上因雾和霾引发的典型灾害案例。

12.4.3.3　调查方法

主要是通过公路气象信息数据采集与监测网和交警部门人口排查来进行调查。

12.5　灾害调查案例

【2018 年安徽滁新高速大雾灾害】

(1)受灾情况

2017 年 11 月 15 日 07 时 45 分许,安徽省阜阳市境内滁新高速(滁州—新蔡)下行线 191 km 至 194 km 路段因大雾引发多点、多车追尾事故,共造成 30 多辆车连环相撞,18 人死亡。

(2)致灾机理分析

1)天气系统

2018 年 11 月 15 日 02 时开始,安徽沿淮到沿江的部分地区出现大雾天气并发展。从高速公路能见度资料分析来看(图略)11 月 15 日 00—12 时,江淮之间中西部、沿淮西部部分地区出现能见度不足 200 m 的大雾,其中交通事故发生路段附近的最小能见度不足 100 m。距离事故点最近(约 11 km)的颍上高速自动站在 05 时 30 分至 06 时期间能见度仅 60 m,07 时 10 分开始,能见度有所好转,07 时 40 分能见度超过 1 km。但是,在偏东气流影响下,焦岗湖水汽辐射冷却成雾并向西移至此地,再次降低了该区域能见度,致使 07 时 50 分左右能见度骤降至 100 m。这一时期恰好为此次事故发生时段。因此,从能见度时间和空间分布的不均匀性来看,能见度的短暂转好后,大量水汽冷却成雾西移至此地,在地貌、风向共同作用下形成的局地雾(又称团雾),是此次事故发生的客观因素。

NOAA 卫星资料显示,11 月 15 日 07 时 22 分(11 月 14 日,23 时 22 分 UTC),安徽江淮之间西部和沿淮西部地区存在大范围的雾,基本分布在瓦埠湖、城东湖、城西湖和淮河等大型水体周围,湖泊、河流等大型水体在水平和垂直方向上提供了充足的水汽,再加上当时的弱风条件,更加有利于雾的生成、持续和发展。

2)孕灾环境分析

与市区相比,郊区和乡村地带容易出现团雾,尤其是部分比较空旷的高速公路路段。团雾常在高速公路上出现的气象原因是高速公路路面白天温度较高,昼夜温差更大,更有利于团雾形成。此外,如果地势低洼、空气湿度大,也更易形成团雾。阜阳市地处淮北平原,秋、冬季节较易发生团雾。阜阳市高速路网大都处于农村地带，路网两边小水体和植被较多，清晨时段大气扩散条件差，水汽易聚集，为团雾高发地带。

3）承灾体因素

由于"团雾"区域性很强，车辆难以提前得到通知或警示，驾驶员往往猝不及防、视线突然受阻，估计车距、车速不足，对前方车辆、交通标志、路面设施识别产生困难，从而产生心理和生理上的压力，出现犹豫、疏忽，甚至产生致命的错觉，容易导致车辆追尾，酿成重大交通事故。

（3）历史情况调查

根据安徽省高速公路团雾多发路段历史统计情况，结合气象部门在高速沿线布设的能见度观测仪观测的资料，安徽省气象灾害防御技术中心会同省交警总队高速支队联合发布了"安徽省高速公路团雾地图"（全国省级气象部门首发）。

第13章 连 阴 雨

13.1 概述

13.1.1 定义

连阴雨指连续 3～5 d 以上的阴雨天气现象(中间可以有短暂的日照时间)。连阴雨天气的日降水量可以是小雨、中雨,也可以是大雨或暴雨。不同地区对连阴雨有不同的定义,一般要求雨量达到一定值才称为连阴雨。

根据连阴雨发生的季节,通常将连阴雨分为秋季连阴雨(发生在 9 月、10 月和 11 月)和春季连阴雨(发生在 2 月、3 月、4 月和 5 月)。

13.1.2 等级划分

针对早稻播种育秧期,《早稻播种育秧期低温连阴雨等级》(QX/T 98—2008)对于连阴雨过程的分级规定见表 13.1。

表 13.1 低温连阴雨等级划分

等级	指标		
	日平均气温(℃)	日平均气温持续天数(d)	过程平均日照时数(h)
轻度	<12.0	持续 3～5	<3.0
中度	<12.0	持续 6～9	<3.0
	<10.0	≥3	<3.0
重度	<12.0	≥10	<3.0
	<8.0	≥3	<3.0

13.2 灾害分布特征

13.2.1 空间分布特征

(1)秋季连阴雨

通过对我国秋季连阴雨的发生频次进行统计,除了我国西北部少数地区,其他地区都有分布,秋季连阴雨主要集中在我国长江中下游地区和华南地区。5 d 及以上连阴雨 50 a 累计频次在长江上游地区较大,超过 50 次。贵州等地可达 60 次;5～7 d 连阴雨的 50 a 累计频次在中国东南部较大,武汉等地达 28 次;8～10 d 连阴雨的 50 a 累计频次在中国中南部较大,贵州等地达到 21 次;11 d 及以上连阴雨的 50 a 累计频次在云贵地区较大,达 40 次。不同级别连阴雨的 50 a 累计频次在黄河以北地区均较小。此外,随着连阴雨级别的增加,连阴雨频次大值区由东南地区移向西南地区。

由 1961—2010 年我国秋季连阴雨和不同等级连阴雨 50 a 累计日数可知,5 d 及以上的大值区主要位于长江中下游,四川和重庆等地达到 900 d。5~7 d 的大值区主要集中于长江中下游,可达 160 d,8~10 d 的大值区主要分布于长江中上游地区,可达 180 d。11 d 及以上主要集中于西南地区,达 800 d(黄艳艳,2011)。

(2)春季连阴雨

通过统计分析我国 1951—2007 年 546 个气象观测站日平均温度和降水量的数据,得到了我国各个地区春季连阴雨的时空分布特征。其中,2 月份我国低温连阴雨日数平均在 0~4 d。低温连阴雨日数大于 3 d 的区域主要分布在长江中下游以南地区,其中低温连阴雨日数达到 4 d 的地区有四川盆地东部,贵州北部和湖南;3 月份低温连阴雨日数为 3 d 的等值线明显向北扩展,达到江淮地区西部、江南流域以及西北地区东部;低温连阴雨日数达到 5 d 以上的地区包括四川盆地、贵州、湖南、江西南部和华南西南部,其中贵州西部连阴雨次数最多,达 6 d;与 3 月份相比,4 月份低温连阴雨日数大于 4 d 的地区向北向西扩大,其中西藏东部、云南大部、东北地区低温连阴雨日数明显增多。相反,华南大部分地区低温连阴雨日数较 3 月明显减少,一般为 3~4 d;5 月份,低温连阴雨日数 3~5 d 的地区较 4 月明显向北扩展、范围增大。青海东部、西北地区东南部、黄淮南部、江淮流域出现了 3~5 d 的低温连阴雨,西藏东部至四川西部低温连阴雨日数明显增多至 4~5 d,黑龙江中东部、吉林及辽宁北部也出现了 4~5 d 的低温连阴雨。云南大部、四川盆地东部、贵州西北部以及湖南大部、江南局部地区低温连阴雨增至 4~6 d,其中湖南中部的低温连阴雨日数最多,达到 6 d(韩荣青等,2009)。

13.2.2　时间分布特征

(1)秋季连阴雨

1961—2012 年,长江上游流域秋季连阴雨过程出现 80 次,平均出现 1.54 次/年,平均每次 9 d。图 13.1 给出了秋季连阴雨过程数与日数逐年分布情况。分析发现,每年连阴雨过程最多出现 3 次,日数最多出现 29 d(1965 年),1966 年、2002 年、2003 年、2009 年、2012 年秋季未出现连阴雨。秋季连阴雨日数平均为 14.1 d/a,以 2.3 d/(10 a)的速率呈逐年减少趋势,通过了信度为 0.01 的显著性检验,减少趋势非常明显。1961—2012 年,长江上游流域秋季连阴雨平均开始日期为 9 月 9 日,最早出现在 9 月 1 日(1964 年、1969 年、1972 年等 13 a 多年出现)、最晚出现在 11 月 1 日(1996 年);连阴雨平均结束日期为 9 月 30 日,最早出现在 9 月 8 日(2004 年),最晚出现在 11 月 7 日(1996 年)。长江上游流域秋季连阴雨过程次数出现在 9 月的有 56 次,占 70.0%,出现在 10 月的有 14 次,占 17.5%,出现在 11 月的有 1 次,占 1.3%,跨月出现的有 9 次(陈晨等,2015)。

(2)春季连阴雨

利用我国 1951—2007 年春季低温连阴雨资料,将 1951—2007 年的 2—5 月春季低温连阴雨发生日数标准化后进行 EOF 分解,得到第 1 特征向量及其时间系数进行统计研究其年代际特征(表 13.2),可以看出,我国 2—5 月的低温连阴雨有两个显著的偏少阶段,即 20 世纪 50 年代和 1997—2007 年。此外在 1963—1996 年,各月低温连阴雨日数年代际变化呈现出奇数月

（3 月、5 月）偏多,偶数月（2 月、4 月）偏少的月际反相变化规律,具有明显的年代际震荡和季节内震荡叠加的特征（韩荣青等,2009）。

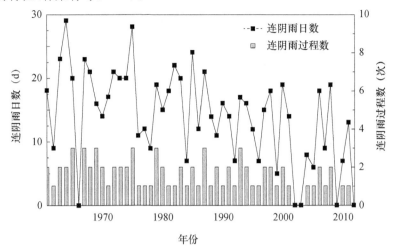

图 13.1　1961—2012 年长江上游流域秋季连阴雨过程数和日数的年际变化（引自陈晨等,2015）

表 13.2　全国低温连阴雨日数的年代际特征

月份	偏少阶段	正常阶段	偏多阶段
2 月	1951—1963 年 1990—2007 年 1997—2007 年	1975—1989 年	1964—1974 年
3 月	1951—1962 年 1997—2007 年	1963—1978 年	1979—1996 年
4 月	1951—1959 年 1997—2007 年	1977—1996 年	1960—1976 年
5 月	1951—1955 年 1965—1974 年 1997—2007 年	—	1956—1964 年 1975—1996 年

13.3　成因分析

13.3.1　气象条件

13.3.1.1　天气系统

连阴雨过程主要由冷暖气流的交汇所形成,影响我国不同地区的低温连阴雨的天气系统主要如下。

(1)长江中下游春季连阴雨:一般是由南孟加拉湾槽前西南支流,副热带高压外围西南气流以及源自东南印度洋和澳大利亚的越赤道气流三者汇合,并与北方冷空气长时间在这区域交汇所致(施宁,1991)。

(2)华北地区秋季连阴雨:东亚大槽槽后偏北气流引导北方冷空气南下,副热带高压西侧偏南气流引导南方暖空气北上,与来自北方的冷空气在华北地区交汇,形成持续的连阴雨天气(黄艳艳,2011)。

13.3.1.2 气象要素及影响因子

影响连阴雨过程的主要气象要素有:降水量、持续降水时间、气温、日照时间。

13.3.2 承灾体

13.3.2.1 主要影响行业

低温连阴雨主要影响的是农作物生长发育。其主要影响的行业为农业,主要承灾体为农作物,包括小麦、水稻、玉米、高粱、大豆和棉花等。表现形式为作物的减产和绝收。此外,连阴雨还会影响某些工程类行业,导致工程进度因雨耽搁。

13.3.2.2 暴露度

连阴雨灾害的暴露度主要包括农作物暴露度,通常是以农作物播种面积或播种面积占耕地面积比例为计算指标。

13.3.2.3 脆弱性

连阴雨的脆弱性主要计算指标为歉年平均减产率。该指标反映实际产量低于当年趋势产量的百分率的平均状况,平均减产率越大,说明该地作物产量受到气象灾害影响程度越大。

13.3.3 其他孕灾环境

由于低温连阴雨灾害主要的承灾体是各种作物,结合我国低温连阴雨分布的主要特征来看,华北地区、长江上游和中下游及我国西南地区因海陆之间季节性的热力差异和季风影响,形成高原季风气候、西南季风气候、四川盆地气候、长江中下游气候等降水气候,在春、秋季常因冷暖气流交汇形成降水和低温过程,同时,以上地区又集中了我国的主要农作物(水稻、小麦、玉米、棉花和蔬菜类作物)产区,故在以上地区易形成低温连阴雨灾害。

13.4 灾害调查现状

13.4.1 相关标准

关于连阴雨方面的标准有《冬小麦灌浆期连阴雨等级》(DB34/T 2316—2015)和《灾害性天气气候 第2部分:连阴雨等级》(DB61/T 442.2—2008)等。

13.4.2 工作现状

13.4.2.1 调查开展机构

目前,低温连阴雨灾害调查主要由气象、农业部门开展。如:2015年7月,甘肃省气象局、农牧厅联合对定西、庆阳、平凉、天水四市开展因连阴雨造成冬小麦倒伏、发芽、霉变灾害调查;2018年5月,驻马店市气象局针对连阴雨造成灌浆后期小麦的影响灾害调查。

13.4.2.2　业务规定和工作制度

目前,气象部门已制定了相关规定。2008 年 5 月中国气象局印发了《全国气象灾情收集上报调查和评估规定》和《全国气象灾情收集上报技术规范》,将气象灾情收集上报调查和评估工作纳入日常业务。2018 年 1 月安徽省气象局印发了《安徽省气象灾害调查业务管理规定(试行)》,进一步规范安徽省气象部门气象灾害调查工作。

13.4.3　调查内容和方法

13.4.3.1　监测手段

地面气象观测:观测低温连阴雨过程的温度、降水量和日照时间等气象参数。

13.4.3.2　调查内容

(1)气象因素的调查

1)灾害发生现场与气象台站的相对方位和距离。

2)灾害发生时段主要的天气系统。

3)灾害发生区域的气象台站对地面气象各要素值的观测记录,主要包括温度、降水量、日照时间、低温过程的持续时间等。

4)卫星云图、雷达等观测资料和产品等。

(2)环境因素的调查

1)灾害现场主要经纬度和海拔高度。

2)灾害现场及附近地形地貌、水体、植被、土壤、农作物等因素。

3)灾害现场及附近建筑物和生产、生活设施类型和分布,行业和服务设施的类型和分布。

4)其他环境因素。

(3)历史因素的调查

查询统计灾害事发地及周边区域历史上低温连阴雨灾害的历史灾情资料,包括灾害发生的时间、破坏情况和主要灾情损失量。

13.4.3.3　调查方法

(1)现场测量:通过工具测量灾害现场的若干参数和指标。

(2)走访、询问:走访和访问灾害发生点、周边地区的目击者和遭受灾害对象的主要相关人员,记录相关灾情信息。

(3)录音和录像:通过录音记录目击者对于灾害发生的定性和定量描述,收集目击者拍摄的音像资料等。

(4)查询资料:通过收集和查阅相关其他部门和人员记录的灾害灾情信息。

(5)联合调查:通过与民政、农业等其他部门一起组成调查组进行联合调查。

13.5　灾害调查案例

【2017 年安徽宿州地区低温连阴雨(渍涝)灾害】

2017 年 9 月 30 日—10 月 6 日,安徽宿州出现持续性降雨,宿州市普降大雨,其中埇桥、灵璧、泗县出现暴雨到大暴雨,并受持续性降雨和农田排灌沟损毁堵塞影响,致使秋季作物遭受较严重渍涝灾害。

(1)灾害情况

2017年9月30日14时至2017年10月6日09时,泗县部分地区遭遇连续降雨,最大累计降雨量达161 mm。由于泗县部分乡镇地势低洼,农田排灌沟损毁堵塞,排水不畅,造成泗县黄圩镇、墩集镇、开发区、屏山镇、大杨乡5个乡(镇)农田出现内涝,在地农作物特别是大豆损失较为严重。根据民政部门的统计数据,本次灾害受灾人口31800人,农作物受灾面积78820亩,灾害造成直接经济损失1671万元,全部为农业损失。根据全国气象灾情收集上报调查和评估规定的灾害划分等级,此次渍涝灾害属于中型气象灾害。

(2)致灾机理和受灾原因分析

1)天气因素

受副热带高压(简称"副高")北抬影响,淮北地区处于西南暖湿气流控制中,低层西南气流明显增强,同时山东境内有低涡东移,其后部的冷空气与副高边缘的暖湿气流在淮北地区剧烈交汇,造成了宿州地区9月30日至10月1日的强降水天气。其中泗县普遍出现暴雨,局部出现大暴雨。10月2日到3日前期,随着冷空气继续南下,副高南落,影响淮北地区的降水系统随之南压,宿州地区降水减弱;3日起高空有南支槽,加之中低层有切变发展,宿州开始出现新一轮的降水过程。3日05时—5日20时累计降水量:泗县大部地区累积降水达30 mm。5日后期随着低槽东移入海,降水结束。

9月份以来(9月1日—10月5日,下同)安徽省出现两段连阴雨天气过程,主要集中在江北地区,一是降水异常偏多,平均降水量222 mm,较常年同期异常偏多2~3倍,为1961年以来同期第二多。二是持续时间长,平均雨日20 d,为1961年以来同期最多。

2)环境因素

① 地形地貌

泗县位于安徽省东北部,黄淮海平原南端,位于33°16′—33°46′N,117°40′—118°10′E。泗县地势平坦,东南部是由北向南走向的剥蚀堆积,山麓发育,起伏不平的裙状斜面,海拔20~38 m,坡降3°~5°。北部是古黄河泛滥堆积构成的冲积平原,由西北向东南略倾斜,海拔18~21 m。其余是河间平原,地势平坦,海拔14~16 m。

② 植被、土壤

泗县土地总面积17.9万 hm²,其中耕地面积约为12.7万 hm²,占土地总面积的70.89%。其中约有30400 hm²的耕地属于渍涝排水型,占全县总耕地面积的23.8%,主要分布在县南沱河、石梁河、潼河沿岸的广大地区和县东北部地势较低地区,由于该地区河流较多,加上土地地势低洼,农田水利年久失修,大部分的排水设施老化甚至不能使用,在夏秋雨季易造成积水严重,土壤排水不良,地下水位较高,易形成渍涝灾害。

受阴雨天气影响,9月以来江北大部分时段土壤过湿、田间湿度大,延缓了已成熟作物机械化收割进程。10月9日土壤墒情监测显示,江北大部0~10 cm土层土壤过湿,对在地作物大规模机械化收割造成一定影响。

3)受灾对象因素

安徽省沿淮淮北地区夏玉米、夏大豆等秋收旱作物在9—10月处于成熟收获阶段,近期的持续阴雨寡照天气导致沿淮淮北大部分地区土壤持续过湿,局部地区农田出现明显的涝渍害,尤其是泗县等地势较低地区,积水较为严重,期间的强降水天气也易导致部分作物发生倒伏,增加了收获难度和收获成本,影响了收获进度,持续阴雨天气也不利于秋收旱作物收获晾晒;同时由于作物长时间积水,易导致已成熟作物发芽霉变,影响最终的产量和品质。

4)历史因素

中华人民共和国成立以来,泗县发生较严重的秋季暴雨洪涝灾害年份为:1950 年、1961 年、1970 年、1979 年,从目前来看,暴雨洪涝灾害造成的损失未超过历史极值。

5)受灾原因分析

此次泗县洪涝灾害是由于近期持续降水和当地局部地区农田地势较低以及农田水利设施年久失修等原因综合所致。

第14章 干 热 风

14.1 概述

14.1.1 定义

干热风亦称"干旱风""热干风",习称"火南风"或"火风",是一种高温、低湿并伴有一定风力为主要特征的农业气象灾害(王绍中等,2010)。

小麦干热风灾害——在小麦扬花灌浆期间出现的一种高温低湿并伴有一定风力的灾害性天气。它可使小麦失去水分平衡,严重影响各种生理功能,使千粒重明显下降,导致小麦显著减产(QX/T 82—2007《小麦干热风灾害等级》)。

14.1.2 分类

我国小麦干热风主要分为高温低湿型、雨后青枯型、旱风型三种类型(QX/T 82—2007《小麦干热风灾害等级》)。

(1)高温低湿型

在小麦开花灌浆过程均可发生,是北方麦区干热风的主要类型。其特点是:①高温低湿,干热风发生时温度猛升,空气湿度剧降,最高气温可达 32℃ 以上,甚至可达 37~38℃,相对湿度可降至 25%~35% 以下,风力在 3~4 m/s 以上,有的地区可能是静风,风向各地不一;②气象要素值昼夜变化不大,白天干热难忍,夜间继续维持干热,这类干热风发生的区域广,使小麦芒尖干枯炸芒,颖壳呈灰白色或青灰色,叶片卷曲凋萎造成小麦大面积干枯逼熟死亡,对小麦产量威胁很大。

(2)雨后热枯型

又称雨后青枯型或雨后枯熟型。一般发生于乳熟后期,即小麦成熟前 10 d 左右。其特点是雨后出现高温低湿天气,即在高温季节,先有一次阵性降水过程,雨后猛晴,温度骤升,湿度剧降;有时是长期连阴雨后。

(3)旱风型

又称热风型。其特点是风速大,与一定的高温低湿组合,对小麦的危害除了与高温低湿型相同外,大风还加强了大气干燥程度,促进农田蒸散,使叶卷缩呈绳状,叶片撕裂破碎。主要发生在新疆地区和西北黄土高原的多风地带,在干旱年份出现较多。

14.2 灾害分布特征

14.2.1 空间分布特征

全国干热风灾害主要发生在以下区域。

(1)华北平原干热风区:北起长城以南,西至黄土高原,南自秦岭、淮河以北,东至海滨,这一地区亦为中国冬麦主要产区。其中冀、鲁、豫危害最重,沿海地区较轻;苏北、皖北一带干热风危害也颇频繁。

(2)西北干热风区:主要包括河套平原、河西走廊及新疆盆地,是中国春小麦主要产区。1961—2010 年,中国黄淮海地区冬小麦轻干热风出现平均日数的空间分布总体呈中间高、两头低的趋势,且同纬度地区的内陆高于沿海;重干热风出现平均日数的空间分布总体亦呈中间高、两头低的趋势,区域差异显著,且同纬度地区的内陆高于沿海(赵俊芳等,2012)。

14.2.2 时间分布特征

14.2.2.1 年变化

1961—2010 年,中国黄淮海地区高温低湿型冬小麦轻干热风出现的平均日数总体呈波动下降趋势(图 14.1(彩)),其中 1960—1980 年为缓慢减少时期,1981—2000 年基本稳定在一定水平,2001—2010 年为快速减少时期;重干热风出现的平均日数呈波动下降趋势(图 14.2(彩)),1960—1980 年和 2001—2010 年为缓慢减少时期,1981—2000 年则基本稳定在一定水平(赵俊芳等,2012)。

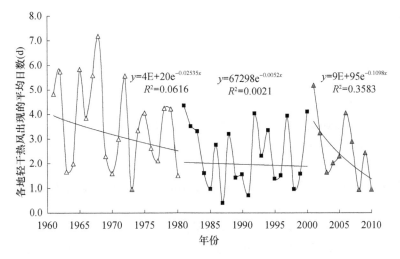

图 14.1(彩)　1961—2010 年黄淮海地区冬小麦轻干热风出现平均
日数的变化趋势(引自赵俊芳等,2012)

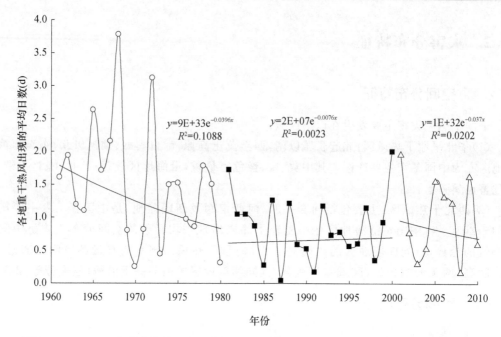

图 14.2（彩）　1961—2010 年黄淮海地区冬小麦轻重热风出现平均日数的变化趋势（引自赵俊芳等，2012）

14.2.2.2　月变化

干热风天气 4—8 月均可出现，其中 5—7 月发生的干热风对小麦危害最大，此时正值华北、西北及黄淮地区小麦抽穗、扬花、灌浆时期，植物蒸腾急速增大，往往导致小麦灌浆不足甚至枯萎死亡。

14.3　成因分析

14.3.1　气象条件

14.3.1.1　天气系统

我国北方麦区地域辽阔，小麦开花灌浆期在时间上差异甚大，因而发生干热风的环流主要特征及影响系统也不尽相同。

（1）黄淮海冬麦区。低空和地面处在两条锋带之间的反气旋区内，天气晴朗，气温高，空气干燥，这就构成了干热风天气环流背景。高空系统为西北气流型、高压脊型、高压后部型三种，地面系统有北低南高型、高压后部型两种类型。

（2）蒙、甘、宁春麦区。内蒙古河套春麦区干热风发生的环流形势分为乌拉尔山高脊型、蒙古暖脊型和贝加尔湖阻高型。河西走廊和宁夏平原主要是新疆东部至河西走廊的强暖高压脊和青藏高原暖高压脊发展北抬。从地面形势看，蒙古、河套及以东一带受弱高压控制，南疆有热低压形成发展，然后东移控制河西走廊，形成西低东高的气压场形势。

（3）新疆冬春麦区。该地区干热风天气形势有 5 种类型，即北大西洋东部及西南欧长槽型、欧洲脊东移与青藏高压脊叠加型、沙特—伊朗副高与青藏高压结合北抬型、青藏—新疆长脊型、沙特—伊朗副高和北支锋区脊在中亚叠加型（邓振镛等，2009）。

14.3.1.2　气象要素及影响因子

表 14.1、表 14.2、表 14.3 是干热风出现时的天气背景和气象技术参数,小麦灌浆的适宜温度为 20～22℃,温度高于 25℃,灌浆过程加速,干物质积累提早结束,小麦灌浆时期缩短,造成粒重降低。温度≥28℃,植株的光合作用受到阻碍,温度高于 31℃时,光合强度则大大降低,在 35～36℃高温下小麦的光合作用几乎完全停止,植株体不再制造干物质。在高温干旱条件下,植株体输送养分的机能不能正常进行,小麦根系的吸收能力大大下降,并且易造成根系早衰(张志红等,2013)。

表 14.1　高温低湿型干热风等级指标

区域	时段	天气背景	轻			重		
			日最高气温(℃)	14 时相对湿度(%)	14 时风速(m/s)	日最高气温(℃)	14 时相对湿度(%)	14 时风速(m/s)
黄淮海冬小麦	在小麦扬花灌浆过程中都可能发生,一般发生在小麦开花后 20 d 左右至蜡熟期	温度突升,空气湿度骤降,并伴有较大的风速	≥32	≤30	≥3	≥35	≤25	≥3
黄土高原旱塬冬小麦			≥30	≤30	≥3	≥33	≤25	≥4
内蒙古河套、宁夏平原春麦区			≥32	≤30	≥2	≥34	≤25	≥3
甘肃河西走廊春麦区			≥32	≤30	不定	≥35	≤25	不定
新疆重区			≥34	≤30	≥2	≥36	≤25	≥3
新疆次重区			≥32	≤30	≥3	≥35	≤30	≥4

注 1:"不定"指 14 时风速不是限制性因素。

注 2:"新疆重区"指吐鲁番、鄯善盆地塔里木盆地东部铁干里克、若羌一带。

注 3:"新疆次重区"指哈密、库尔勒、和田、石河子、乌苏等地区。

表 14.2　雨后青枯型干热风指标

区域	时段	天气背景	日最高气温(℃)	14 时相对湿度(%)	14 时风速(m/s)
北方麦区	小麦灌浆后期成熟前 10 d 内	有 1 次小至中雨或中雨以上降水过程,雨后猛晴,温度骤升	≥30	≤40	≥3

注:雨后 3 d 内有 1 d 同时满足表 14.2 中的指标。

表 14.3　旱风型干热风指标

区域	时段	天气背景	日最高气温(℃)	14 时相对湿度(%)	14 时风速(m/s)
新疆和西北黄土高原的多风地区	小麦扬花灌浆期间	风速大湿度低与一定的高温配合	25～30 或 30 以上	25～30 或 30 以下	14～15 或 15 以上

14.3.2　承灾体

14.3.2.1　主要影响行业

在北方主要危害小麦,是北方麦产区的主要农业气象灾害之一。小麦在乳熟中、后期遇干热风,秕粒严重甚至枯萎死亡。

在长江中下游地区,也会使水稻、棉花受到损害。水稻在抽穗扬花期遇干热风,会使住头变干、影响授粉;棉花蕾铃大量脱落。

14.3.2.2 暴露度

由于冬小麦是干热风灾害的主要承灾体,因此,干热风的暴露度具体计算指标主要是冬小麦种植面积占耕地面积比,其种植比例能够较好地反映农业承灾体价值密度的大小。承灾体价值密度越高,灾害发生时造成的产量损失就越大,灾害风险就越大(李香颜等,2017)。

14.3.2.3 脆弱性

干热风灾害的脆弱性指标主要是冬小麦减产变异系数。冬小麦减产变异系数是指减产年小麦产量的波动情况,相对气象产量为负值的年份定义为减产年。变异系数越大,说明承灾体对外界不利环境的影响越敏感,则受灾害影响造成的粮食产量波动越大,发生干热风等灾害时,灾损就越大。产量变异系数小,则说明该地区粮食生产稳定,不易受灾害性气象因素的影响(李香颜等,2017)。

14.4 灾害调查现状

14.4.1 相关标准

关于干热风方面的标准有《小麦干热风灾害等级》(QX/T 82—2007)和《农业气象观测规范　冬小麦》(QX/T 299—2015)等。

14.4.2 工作现状

14.4.2.1 调查开展机构

目前,主要由气象、农业部门开展调查。如:2009 年,河南省气象局的技术人员深入河南省中南部麦区实地调查干热风对小麦的影响情况。

14.4.2.2 业务规定和工作制度

目前,气象部门已制定了相关规定。如:2008 年 5 月中国气象局印发了《全国气象灾情收集上报调查和评估规定》和《全国气象灾情收集上报技术规范》,将气象灾情收集上报调查和评估工作纳入日常业务。2018 年 1 月安徽省气象局印发了《安徽省气象灾害调查业务管理规定(试行)》,进一步规范安徽省气象部门气象灾害调查工作。

14.4.3 调查内容和方法

14.4.3.1 监测手段

(1)地面监测

通过地面气象台站对气温、相对湿度和降水的监测来判断干热风的发生。

(2)遥感监测

主要是通过卫星资料构建 NDVI、RVI、ARVI、EVI 指数,再对像元植被指数频次分布和变化量空间分布做对比来监测干热风(李颖等,2014)。

14.4.3.2　调查内容

（1）气象因素

包括产生干旱事件的大气环流形势、气候背景、天气实况（降水、气温、蒸发量）等。

（2）承灾体

1）小麦生长状况、土壤墒情、播种进度。

2）干热风发生面积、程度。

3）政府应急措施等多方面信息。

（3）调查分析评估

对未来一段时间内干热风可能带来的影响进行分析评估，提出建议。

14.4.3.3　调查方法

由气象和农业部门联合开展实地考察、问卷调查法、访问法等。

14.5　灾害调查案例

【2000 年安徽省干热风灾害】

2000 年 4—5 月，安徽合肥以北出现干热风，旱情严重，部分地区人畜用水困难。全省在地作物受旱 166.7 万 hm²，其中严重受旱 53.3 万 hm²，小麦减产 2～3 成。

第15章 凌 汛

15.1 概述

15.1.1 定义

凌汛也称冰凌洪水,是由冰凌融化或阻塞所形成的洪水。按凌汛成因,可分为冰塞洪水、冰坝洪水和融冰洪水等(SL 428—2008《凌汛计算规范》)。

入冬时,下游河段气温低,先行冻结;初春时,则由上游逐渐向下发展,下游河段温度低而延后解冻。由于特定的地理位置、河道形态和水文、气象条件,使得在流凌封河期和融冰开河期极易形成流冰堆积,使河水猛烈抬升,窜堤决口,酿成凌灾。

15.1.2 分类

凌汛洪水是热力、动力、河道形态等因素综合作用的结果,按洪水成因可分为:冰塞洪水、冰坝洪水和融冰洪水(牛运光,1997)。

(1)冰塞洪水灾害。通常发生在初封期,由低纬度流向高纬度的纬度差较大的河流的狭窄弯曲、有陡坡到缓坡过渡段及水库的回水末端等常出现此种灾害。

(2)冰坝洪水灾害。通常发生在解冻开河期。当气温升高,上段冰盖迅速解体,沿程流量增大,使河水位上涨胀裂冰盖,大量冰块急速向下游流动,受阻后形成坝,壅水偎堤,甚至漫决堤防,或者冰坝发展到一定程度解冻,承受不了上游冰水压力而溃决形成凌峰,造成下游灾害。由低纬度流向高纬度河段的纬度差大、河道弯曲、流冰量大、坡度较缓的河流,易产生这种灾害。其特点是:水位很高,涨幅大,灾害重。

(3)融冰洪水。当上游气温回升,因热力作用冰盖逐渐融解,河槽蓄水下泄,引起河段沿程不断增大的凌汛洪水。融冰洪水水势平稳,凌峰流量较小。

15.2 灾害分布特征

15.2.1 空间分布特征

凌汛灾害主要发生在北方河流,如黄河、黑龙江、松花江、嫩江、乌苏里江、新疆天山北坡中段河流(四棵树河、三屯河、呼图壁河和玛纳斯河等河流)、克里雅河等。

15.2.2 时间分布特征

15.2.2.1 年变化

黄河自历史记载以来就是凌汛高发河段。据不完全统计,1882—1938 年的 56 a 间,黄河下游有 25 a 发生凌汛决口,上游宁夏至内蒙古河段在中华人民共和国成立之前,平均每两年就有一次损失较大的凌汛灾害发生。在 1950—1990 年的 40 a 间,黄河有 36 a 封冻,封河率达 85%,封冻长度也达 1000 km 以上。2010—2011 年最初封冻长度占总河长 25% 以上(腾翔等,2011)。

在全球变暖的大背景下,黄河内蒙古段从 1961—2009 年凌汛期(11 月至翌年 3 月)平均气温呈明显增暖趋势,增温率为 0.6 ℃/(10 a)。在 1987 年黄河内蒙古段凌汛期气温发生了突变,突变之后增温趋势更为明显。气温的显著升高,直接影响黄河内蒙古段凌汛期的变化。从 1957—2009 年黄河内蒙古段水文站点所测的开河日期、封河日期的年际变化可看出(图 15.1),随着全球气候的变暖,黄河内蒙古段的开河日期在逐渐提早,封河日期在逐年推后(顾润源等,2012)。

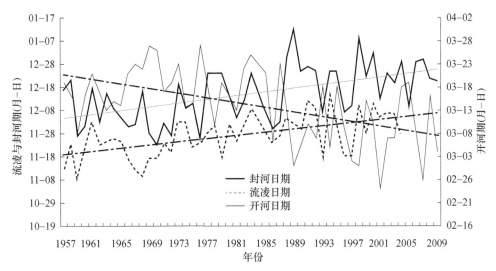

图 15.1 黄河内蒙古河段碛口站流凌期、封河期和开河期变化趋势(引自顾润源等,2012)

黄河下游处于我国北方河流冬季产生冰凌的过渡地带,冬季有的年份封冻,有的年份不封冻,封冻年中有的一个年度一封一开,有的两封两开甚至三封三开,且封冻年份的封冻河长和封冻时间差别很大。近 20 a 来,由于黄河下游河道水量大幅度减少,甚至发生连年断流,冬季气温持续偏高,加上水库的调度等因素的共同影响,引起了凌情的相应变化。这些变化主要表现为:封、开河日期提前,封河长度缩短,封冻冰量和槽蓄水量减少,冰塞冰坝发生次数减少,不封冻年频率增加等(董雪娜等,2008)。

黄河下游冬季平均气温 20 世纪 50 年代、60 年代偏低,70 年代、80 年代正常,90 年代明显偏高;下游凌情也与此相对应,表现为 50 年代、60 年代封河天数多、封河河段长、冰层厚、冰量大,其中 60 年代最甚;90 年代凌情明显减轻;而 70 年代、80 年代居中。其中 80 年代由于中后期暖冬,再加上来水量偏少,故凌情不及 70 年代严重(表 15.1)(康玲玲等,2000)。

表 15.1 黄河下游凌情年代特征值统计

年代	50		60		70		80		90	
	平均	距平	平均	距平	平均	距平	平均	距平	平均	距平
封河日期(月-日)	01-03	−1	12-24	−11	01-12	+8	01-03	−1	12-20	−14
长度(km)	393	+32.8	421	+42.2	259	−12.5	203	−31.4	139	−29.3

年代	50		60		70		80		90	
	平均	距平	平均	距平	平均	距平	平均	距平	平均	距平
冰量(万 m²)	4132	+28.0	6421	+99.0	2734	−15.3	2043	−36.7	639	−80.2
冰厚(cm)	22	+15.8	27	+42.1	17	−10.5	18	−5.3	6.3	−66.8
开河日期(月-日)	02-23	0	03-01	+6	01-06	−48	01-18	−36	02-12	−11
冰冻天数(d)	52	+3	68	+19	33	−16	47	−2	23	−26

15.2.2.2 月变化

我国的凌汛主要发生在冬春季节(11月下旬至次年4月上旬),冬季的封河期和春季的开河期都有可能发生凌汛。黄河源区封河一般从黄河沿附近开始向下游延伸,见表15.2(杜一衡等,2014),黄河下游历年平均起始流凌、首封和开河日期统计见表15.3(董雪娜等,2008)。

封河早晚、快慢与降温过程、流量大小、寒潮入侵路径及强度关系密切。当旬平均温度低于−5℃,河流封冻。凌汛期开河不存在一个确定的临界气温指标,开河日的早晚与当年冬季到春节的气温直接相关(宫德吉等,2001)。

表 15.2 黄河源区 3 个水文站开封河情况统计表

时 段		封河日期	开河日期	封河日期	开河日期	封河日期	开河日期
		黄河沿		吉迈		玛曲	
1958—1967	平均	11-10	04-14	12-06	03-03	12-04	03-10
	最早	1959-10-25	1965-03-28	1959-11-25	1964-02-20	1965-11-28	1961-02-28
	最晚	1958-11-20	1962-04-30	1964-12-20	1959-03-20	1964-12-12	1965-03-21
1968—1977	平均			12-18	03-06	12-03	03-11
	最早			1972-11-23	1975-02-25	1977-11-20	1975-03-02
	最晚			1975-01-6	1971-03-14	1971-12-17	1974-03-15
1978—1987	平均	11-12	04-08	01-01	03-08	12-13	03-16
	最早	1979-10-25	1977-03-11	1985-12-11	1982-03-01	1978-12-02	1979-03-10
	最晚	1987-12-01	1983-05-01	1984-01-21	1987-03-11	1979-01-13	1983-04-01
1958—1987	平均	11-11	04-01	12-21	03-06	12-07	03-14
	最早	1959-10-25	1965-03-28	1972-11-23	1964-02-20	1977-11-20	1961-02-28
	最晚	1987-12-01	1983-05-01	1984-01-16	1959-03-20	1979-01-13	1983-04-01
2007—2011	平均	11-27	03-21	12-24	03-20	12-11	03-13
	最早	2008-11-11	2010-03-15	2010-12-15	2009-03-14	2008-12-01	2010-03-06
	最晚	2011-12-16	2009-04-10	2009-01-14	2008-03-27	2009-12-27	2011-03-20

表 15.3 黄河下游历年平均起始流凌、首封和开河日期统计

项目	多年平均	历年最早(长)时间	历年最晚(短)时间
淌凌日期	12月19日	1987年11月30日	1954年1月22日
首封日期	1月1日	1997年12月3日	1978年2月6日

项目	多年平均	历年最早(长)时间	历年最晚(短)时间
开河日期	2月11日	1989年1月3日	1969年3月18日
流凌历时(d)	13	54(1987—1988年度)	<1(1972—1973年度)
封河历时(d)	49	86(1967—1968年度)	3(2003—2004年度)

注:封河历时指首封到开河。

根据气温、水情、冰情等综合条件,黄河下游冰盖解冻开河的形式有文开、武开和半文半武3种。文开河其特点是开河时气温上升快,冰盖融化快,槽蓄水增量缓慢释放,水位平稳,解冻开河历时较长。如1976年、1990年、1998年等年份。武开河其特点是开河时气温较低,上游水量突增,水位猛涨,遇下游冰盖水鼓冰裂,开河时凌峰沿程越来越大,整个解冻开河历时较短,武开河易形成冰凌险情和灾害。如1951年、1955年、1993年。半文半武开河其特点是介于文开河和武开河两者之间。据1950—2005年资料统计,黄河下游发生文开河形式共有31 a,占封冻年的66%,发生武开河形式共有9 a,占封冻年的19%,其余是半文半武开河形式(董雪娜等,2008)。

15.3　成灾特点

15.3.1　气象条件

15.3.1.1　天气系统

(1)寒潮

强寒潮来袭和寒潮过后气温大幅度回升,从而使气温在0℃上下变化,会造成几封几开的严重凌汛。凌汛灾害发生在历年封河和开河期间,与高纬冷空气频繁入侵及低纬强暖空气向北涌进,引起气温剧烈降升,大气和水体对流失热和增热密切相关。影响宁蒙河段开、封河的关键因子是气温的变化,与冷暖空气活动的频次和强度有密切关系,气温变化取决于温度平流的性质和强度及其非绝热因子的作用;冷暖空气的强弱决定于涡度平流的作用。

(2)松花江流凌与大气环流有关(王玉玺等,1995)

松花江流凌早、晚也与大气环流有关,而直接影响欧亚大气环流和我国的天气变化的主要是副热带高压、极涡、东亚大槽等主要系统的位移、强度变化。

1)流凌早、晚与副高北界的关系

副高是影响我国天气变化的主要系统之一,副高偏北、偏南对我国的天气影响截然不同。副高偏北,我国大部地区多受暖高压控制,天气晴朗,气温偏高,相应流凌偏晚的年份较多。副高偏南,说明中高纬度冷空气活动频繁,多降温天气过程,相应流凌偏早的年份较多。经统计得出:流凌早、晚与8—10月副高北界平均位置有关。流凌早年比流凌晚年副高北界月平均偏南4~6个纬距。流凌早年副高北界平均在24°~29°N。流凌偏晚副高北界平均在30°~34°N(表15.4)。

表 15.4 松花江流凌早、晚年副高北界的位置

	8 月	9 月	10 月
流凌早年副高北界	30°~34°N	25°~30°N	18°~23°N
流凌晚年副高北界	35°~40°N	31°~34°N	24°~28°N

2）流凌早、晚与极涡的关系

把流凌早年、晚年与各月极涡的位置、半径进行了统计分析得出：流凌早年、晚年与 10—11 月的极涡位置和极涡半径有关。流凌早年 10 月极涡在欧亚一侧较多，流凌晚年 11 月的极涡在亚洲一侧的较多。流凌早年极涡半径大于流凌晚年的极涡半径。说明流凌早年比流凌晚年冷空气南下明显，而且冷空气影响欧亚的时间要早。由于极涡是极深厚的天气系统，比较稳定，移动缓慢，它所造成天气影响，具有持续性、阶段性的特点。所以，当秋季极涡一旦过早移入新地岛、太梅尔半岛。我国北方就多大风、降温的天气过程，此时秋天就来得早，气温较低，流凌也早。如果秋季极涡多在美洲、极地、格陵兰或是极涡分裂成两个，一个偏向欧洲、一个偏向堪察加半岛，此时欧亚环流平直，锋区偏北，中高纬多暖空气活动，一般流凌偏晚。

3）流凌早、晚与 500 hPa 距平场关系

把流凌早、晚的 500 hPa 距平场，分别叠加平均，再进行分析认为：流凌早年，8—11 月从贝加尔湖到亚洲东岸为负距平，表明东亚多低槽活动。流凌晚年为正距平，东亚多高脊活动。其中 10—11 月流凌早年与流凌晚年 500 hPa 距平场强度、范围差异更大。

15.3.1.2 气象要素及影响因子

冬季气温变化过程的特点：前冬气温低，促使冰层加厚，冻结厚度过强，开江时冰块大且厚，不易畅通，形成冰坝；临界开江期气温升降变化急剧，温差变幅过大，易于径流汇集后膨胀冲开坚硬的冰层。此时各河段结成冰的槽蓄水，在短时间内几乎同时融化下泄，极易形成非常大的凌峰。一旦下泄不畅，就会引起河水暴涨，造成凌灾。

降水（雪）：秋季降水量大，造成江河封冻水位较高。冬春降雪过程多，河槽与地面蓄积量大，融雪期容易出现大的径流汇入江中，加剧江面冰层局部脱节，滑动堵塞。临近开江期上游有量大而普遍的降雨（雪）后，升温回暖的天气接踵而至，地面还处于冻结状态，形成不透水层，造成雨雪径流与融雪径流集中的良好条件，增大江中水流的机械动力，引发冰层的被动突变，致使冰坝产生（李丽文，2013）。

15.3.2 承灾体

15.3.2.1 主要影响行业

冰凌洪水造成河道堤防决溢、泛滥而形成的灾害。冰凌的撞击力和膨胀力会导致水利工程设施、沿岸建筑物的破坏；冰凌影响水力发电、航运、供水等，给人民生产生活带来不便。

（1）冰塞形成的洪水危害。通常发生在封冻期，且多发生在急坡变缓和水库的回水末端，持续时间较长，逐步抬高水位，对工程设施及人类有较大的危害。

（2）冰坝引起的洪水危害。通常发生在解冻期。常发生在流向由南向北的纬度差较大的河段，形成速度快，冰坝形成后，冰坝上游水位骤涨，堤防溃决，洪水泛滥成灾。会造成淹没村庄、农田，房屋倒塌，牲畜死伤，对农业生产、水电、水运交通造成影响。

（3）冰压力引起的危害。冰压力是冰直接作用于建筑物上的力，包括由于流冰的冲击而产

生的动压力,由于大面积冰层受风和水剪力的作用而传递到建筑物上的静压力及整个冰盖层膨胀产生的静压力。

(4)江河封冻之前有一段流冰时期,虽然较短,但对行船威胁很大。

15.3.2.2 暴露度

与暴雨洪涝灾害类似,凌汛灾害的暴露度也通常分为暴露范围、人口暴露度、经济暴露度和农作物暴露度4个方面。

15.3.2.3 脆弱性

与暴雨洪涝灾害类似,凌汛灾害的脆弱性通常分为人口脆弱性和经济脆弱性两方面。

15.3.3 其他孕灾环境

15.3.3.1 地形地貌

产生凌汛取决于河流所处的地理位置及河道形态。在高寒地区,河流从低纬度流向高纬度并且河道形态呈上宽下窄,河道弯曲回环的地方出现严重凌汛的机遇较多。

15.3.3.2 河流、水系

有冰期的河流,从低纬度流向较高纬度的河段,且有较明显的南北流向。在河道弯曲度越大的地方,流凌期越易出现卡冰结坝,形成凌险。另外,冰封期的河槽蓄水量跟开河时的凌汛水量关系密切。槽蓄水量越大,则凌汛时危险越大。槽蓄水量是由河水及冰雪组成的。一方面它与黄河中上游地区前期(主要是秋季)的降水量有关,而更主要的是决定于冬季的结冰与降雪状况。结冰越厚,则冰下的过水能力越小。于是河水因受阻滞而存留在河槽内的水量便越多。

15.4　灾害调查现状

15.4.1　工作现状

15.4.1.1 调查开展机构

目前,气象部门、水利等部门开展凌汛灾害调查。如2017年,宁夏回族自治区气象局农业气象服务中心业务人员对黄河银川河段开展了凌汛调查。

15.4.1.2 业务规定和工作制度

目前,水利部门开展凌汛测报工作,监视水情、凌情动态,及时准确发布凌情信息,气象部门为水利部门提供封、开河气象预报服务,各地防汛办公室制定相应的凌汛灾害应急预案。如:2008年5月中国气象局印发了《全国气象灾情收集上报调查和评估规定》和《全国气象灾情收集上报技术规范》。

15.4.2　调查内容和方法

15.4.2.1 监测手段

(1)冰凌地面实时数据监测系统:建立了相应的数据库。

(2)卫星遥感监测:其根据是不同地物的光谱响应特征不同。在近红外波段,洁净水体的反射率远比土壤和植被的反射率低,所以在卫星图像上可以很容易地区分水体和非水体的界限。这样,在卫星图像上就能够将发生凌汛的地点及其区域判读出来,进而可以根据像元数估算淹没范围和面积。

(3)无人机监测:无人机航测,无人机机载合成孔径雷达监测。

15.4.2.2 调查内容

(1)受灾区域基本情况

1)自然背景信息:指受灾区域的自然致灾因子、孕灾环境等,主要包括气象(气象台站概况、卫星雷达探测资料、气温、降水(雪)、大气环流、气候背景)、水文、地形地貌、地质、植被、历史受灾等信息。

2)社会背景信息:即承灾体信息,主要包括人口数量和年龄结构、居民住房信息、农作物种植结构和面积、区域经济发展水平、产业结构和规模等信息。

(2)受灾对象损失情况

1)因冰塞、冰坝引起洪水导致的死亡人口、受伤人口、失踪人口,人员受伤害方式、程度,转移人口数量。

2)由洪水导致的农田淹没面积、水深,农作物、果树林木等经济作物受损程度、面积。

3)洪水、冰压力导致的居民房屋受淹倒塌、受损数量及程度,堤岸、路基、桥梁被破坏数量及程度。

4)破坏铁路、道路、航道情况,运输中断时间,引发交通事故情况。

5)垮坝数量,排、灌渠道冲毁情况,水利发电设施破坏情况。

6)电力、水利、供气、通信设施受损情况。

15.4.2.3 调查方法

(1)调查手段

1)现场调查:对灾害现场进行实地调查,包括承灾体受损情况、凌汛洪水淹没情况。通过工具对灾害现场进行测量,如淹没深度、淹没面积。

2)文献调查:查阅气象、水文观测资料,获取灾害发生时气象、水文信息;查阅其他部门资料获得灾情信息;查阅历史灾情记录等。

3)访谈调查:对灾害目击者、受灾人员进行现场采访,询问灾害发生及影响情况。

(2)调查仪器

GPS 定位仪、数码相机、摄像机、录音笔、激光测距仪、无人机等。

15.5　灾害调查案例

【2001 年黄河内蒙古乌海段防洪民堤溃决成灾】

2001 年 12 月 17 日黄河内蒙古乌海段遭遇凌汛灾害,致使堤防决口近 40 m,淹没面积近 40 km²,受灾人口 3926 人,淹死牲畜 4900 余头(只)等,直接经济损失 1.3 亿元。

第16章 地质气象灾害

16.1 概述

16.1.1 定义

地质气象灾害特指在常规的地质灾害类型中,那些主要由典型气象事件(如降雨)作为触发因子而引发的地质灾害,例如滑坡、泥石流、崩塌、地面沉降、水土流失、土壤盐碱化等(马力等,2009)。按形成的时间尺度,可分为突发性地质气象灾害和缓变性地质气象灾害。

16.1.2 等级划分

地质灾害分级,以一次灾害事件造成的伤亡人数和直接经济损失两项指标把地质灾害灾度等级划分为特大灾害、大灾害、中灾害、小灾害4级。潜在地质灾害根据直接威胁人数和灾害期望损失值亦划分为相应的4级灾害(表16.1)(DZ 0238—2004《地质灾害分类分级》)。

表 16.1 地质灾害灾度等级分级表

指标		特大灾害 (Ⅰ级灾害)	大灾害 (Ⅱ级灾害)	中灾害 (Ⅲ级灾害)	小灾害 (Ⅳ级灾害)
伤亡人数	死亡(人)	>100	100～10	10～1	0
	重伤(人)	>150	150～20	20～5	<5
直接经济损失 (万元)		>1000	1000～500	500～50	<50
直接威胁人数 (人)		>500	500～100	100～10	<10
灾害期望损失 (万元/万 a)		>5000	5000～1000	1000～100	<100

注:经济损失值为 90 a 不变价格。

16.2 灾害分布特征

16.2.1 空间分布特征

16.2.1.1 滑坡

我国滑坡分布具有点多面广的特点,各省(自治区、直辖市)均有分布,总体来说,大兴安岭—燕山—太行山—巫山—雪峰山一线以西,大兴安岭—张家口—榆林—西安—兰州—玉树—拉萨一线以东之间区域,因同时具备滑坡发育的山地地形和年降水量 400 mm 以上的气候条件,是我国滑坡分布的密集地带。其中以西部地区(西南、西北)的云南、贵州、四川、重庆、西藏以及湖北西部、湖南西部、陕西、宁夏及甘肃等省(自治区、直辖市)最为严重。据初步统计,全国至少有 400 多个市、县、区、镇,10000 多个村庄受到滑坡灾害严重侵害,有详细记录的滑坡灾害点约为 41 万多处,总面积为 173.52 万 km²,约占国土总面积的 18%(截至 2000 年)(黄润秋,2007)。

16.2.1.2 泥石流

我国泥石流分布范围非常广,但同时又相对集中,分布格局明显受地形、断裂构造、岩性、降水以及人类活动等因素控制。其分布大体上以大兴安岭、燕山、太行山、巫山、雪峰山一线为界。该线以西是我国地貌的第一、二级阶梯,包括高原、深切河谷、高山、极高山和中山区,是我国泥石流最发育、分布最为集中的地区,常常成片、成群出现,成片状或带状分布。此线以东,即我国地貌最低的一级阶梯,包括低山、丘陵和平原,泥石流分布除辽东南山地较为密集外,大都呈零星散布(唐邦兴等,1980;杜榕桓等,1995;符文熹等,1997)。

16.2.2 时间分布特征

16.2.2.1 年变化

我国地质灾害发生频率的年际变化表现为灾害发生总次数及滑坡、崩塌的逐年变化趋势基本一致,均在 2006 年为高发年,灾害总数达 102804 起,高出平均值 4.4 倍,2000—2015 年呈现波动变化;直接经济损失的年际变化表现为 2000—2009 年波动下降,2009—2013 年急剧上升,2013—2015 年快速下降,2013 年为 16 a 中最大值,高达 104.3570 万元,是平均值的 2.3 倍;直接经济损失和灾害发生频率有一定的相关性,但不完全一致,除2011—2013 年表现为负相关外,其余年份变化趋势与灾害总数基本一致,但峰值并不重合(表 16.2)(苏英等,2016)。

表 16.2　2000—2015 年我国地质灾害发生数量和经济损失情况

年份	地质灾害总数(处)	发生数量(处)				直接经济损失(万元)
		滑坡	崩塌	泥石流	地面塌陷	
2000	19653	13431	2945	1958	347	49.42
2001	5793	3034	583	1539	554	34.87
2002	40246	31247	3097	4976	521	50.97
2003	15489	10240	2604	1549	574	50.43
2004	13555	9130	2593	1157	445	40.88
2005	17751	9367	7654	566	137	35.77
2006	102804	88523	13160	417	398	43.16
2007	25364	15478	7722	1215	578	24.75
2008	26580	13450	8080	843	454	32.69
2009	10580	6310	2378	1442	326	19.01
2010	30670	22250	5688	1581	478	63.85

续表

年份	地质灾害总数（处）	发生数量（处）				直接经济损失（万元）
		滑坡	崩塌	泥石流	地面塌陷	
2011	15804	11504	2445	1356	386	41.32
2012	14675	11112	2452	952	364	62.53
2013	15374	9832	3288	1547	385	104.36
2014	10907	8218	1872	543	302	54.10
2015	8224	5616	1801	486	278	24.90
合计	373469	268652	68062	22527	6527	733.01

16.2.2.2 月变化

我国滑坡崩塌泥石流年内月变化基本为正态分布,高发期为5—8月,灾害数量占总数的83.8%,7月份灾害数量最高(图16.1)。可见,夏季是滑坡崩塌泥石流的多发季节(李媛等,2013)。

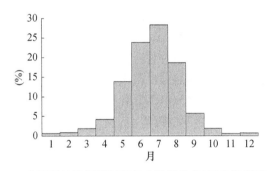

图16.1 全国滑坡崩塌泥石流年内时间分布(引自李媛等,2013)

由南向北地质灾害高发时段逐渐推移:东南地区福建、广东、广西、江西、湖南、贵州多发时段为5—8月,西南地区四川、重庆、云南、西藏和中东部地区山东、江苏、浙江、安徽、湖北以及青海、海南多发时段为6—8月,中北部地区北京、天津、河北、河南、辽宁、吉林、山西、陕西、甘肃、宁夏、内蒙古多发时段为7—8月。另外,新疆地区多发时段为5—8月,由于4月份开始有融雪,导致5月份发生地质灾害较多;黑龙江多发时段为6—8月,是由于降水集中于6—8月,因此6月即进入地质灾害高发期(李媛等,2013)。

16.2.2.3 日变化

我国泥石流发生时间多在夏秋季节的傍晚或夜间,具有明显的夜发性。据对云南省泥石流暴发时间的统计,有80%发生在夜间,这也增加了泥石流的灾害性。对西藏加马其美沟(雨水型泥石流沟)1970—1977年、古乡沟(冰川消融型泥石流沟)1954—1964年和唐不朗沟(冰湖溃决型泥石流沟)1940—1977年泥石流发生的统计表明,多年来各类泥石流在夜晚发生占总发生次数的52%以上,其中雨水型泥石流的夜发率最高,占雨水型泥石流的66%;冰川消融型泥石流占46%;而冰湖溃决型泥石流都在午后至夜晚发生。

16.3 成因分析

16.3.1 气象条件

16.3.1.1 天气系统

引发地质气象灾害的天气系统包括气旋波、低涡等中尺度天气系统。地质灾害常发生在处于此类天气系统移动路径的地区,灾害发生时间出现在天气系统过境影响的当天。

梅汛期降水集中阶段,是地质灾害的第一个高发期。此外,由台风产生的强降水在风力的共同作用下使山体地表径流与土壤渗水量同时猛增,以至造成山洪暴发,从而引发地质灾害(洪毅等,2004)。

16.3.1.2 气象要素及影响因子

地质灾害调查资料分析可得,大部分地质灾害的发生与降水有关,特别是与暴雨、连续暴雨有着密切的关系。暴雨或连续暴雨等强降水可造成水库、河流水位迅速上涨,使地下水位也随之提高上升。地下水可起到软化岩土体的作用,地下水位的提高使山体岩土体软化层升高加厚,斜坡岩土体的抗剪强度减弱,对坡体的浮托作用增大。加上强降水造成的地表水的向下渗透率增大,地表的岩土体软化层向下扩大,地下水和上层土壤含水量增加的上下共同作用,较容易引发滑坡、崩塌乃至泥石流等地质灾害。

但由于地质灾害是小概率事件,相对来说降水属于出现概率较高的天气现象,地质灾害并非逢雨就发生。研究分析发现,当降水与以下几种天气过程相伴出现时较容易引发地质灾害:①当气温升高达一定程度时骤然下降,如梅汛期的冷空气影响过程;②降水过程中伴随大风,如龙卷、雷雨大风、台风影响等;③当大风、气温骤降、降水几种天气现象同时出现时,极易引发地质灾害(洪毅等,2004)。

16.3.2 承灾体

16.3.2.1 主要影响行业

(1)对城镇的危害

1)冲毁设施,危害生命;

2)淤埋设施和居民;

3)阻塞河道,危害城镇。

(2)对交通运输的危害

地质气象灾害对我国交通运输造成了极大的影响,铁路、公路、内河航运均受其害。

(3)对农业的危害

地质气象灾害对农业的危害主要表现在淤埋农田和侵蚀耕地。山区的耕地多数位于沟谷出口处形成的冲积扇上,而这些区域也往往是地质灾害多发的区域。携带大量泥沙、石块的泥石流可以在瞬间覆盖已有耕地和良田。

(4)对环境的危害

地质气象灾害活动会使山地环境退化、森林植被破坏,由此而引起一系列其他灾害的出现,包括:造成干旱和洪水增多,枯水量小;加速土地退化;环境污染加重;恶化水体环境;阻塞河道。

（5）对生态的危害

地质气象灾害对生态系统的影响巨大,例如很多崩塌、滑坡、泥石流等地质灾害频繁发生地区,往往是构造活动强烈、山高坡陡的山区,这些地区土层本身就比较薄,生态系统一旦遭受崩塌、滑坡、泥石流破坏之后,要恢复往往十分困难,甚至无法恢复(马力等,2009)。

16.3.2.2　脆弱性

地质气象灾害的脆弱性是指受灾体遭受地质气象灾害破坏机会的多少与发生损毁的难易程度。社会经济脆弱性由受灾体自身条件和社会经济条件所决定,前者主要包括受灾体类型、数量和分布情况等;后者包括人口分布,城镇布局、厂矿企业分布、交通通信设施等。

此外,地质气象灾害的脆弱性还包括在一定社会经济条件下,评价区内人类及其财产和所处的环境对地质气象灾害的敏感水平和可能遭受危害的程度。通常情况下,人口和财产密度越高,对灾害的反应越灵敏,受灾害危害的程度越高。灾害敏感度分析的基本要素包括人口密度、建筑物密度和价值、工程价值、资源价值、环境价值、产值密度等。分析方法主要有模糊综合评价、灰色聚类综合评价等(马力等,2009)。

16.3.3　其他孕灾环境

16.3.3.1　地形地貌

泥石流的发生主要通过区域地形条件得以体现,泥石流的形成区在地形上具备山高沟深,地形陡峻,沟床纵坡降大,流域形状便于水流汇集。泥石流的地貌一般可分为形成区、流通区和堆积区三部分。上游形成区的地形多为三面环山、一面出口的瓢状或漏斗状,地形比较开阔,周围山高坡陡、山体破碎、植被生长不良,这样的地形有利于水和碎屑物质的集中;中游流通区的地形多为狭窄陡深的峡谷,谷床纵坡降大,使泥石流能迅猛直泻;下游堆积区的地形为开阔平坦的山前平原或河谷阶地,使堆积物有堆积场所。

滑坡一般发生在松散的岩土体地质区域,由于这种地质的抗剪强度与抗风化能力较低,且易受到水作用的影响。由于其成分构成,导致其坡面往往会出现裂隙、断层等情况,给了水流入岩石内部的机会。

16.3.3.2　河流、水系

水流激发是我国泥石流灾害中最常见的触发因素。由绵雨、中到大雨,暴雨,冰雪雨水、融水,江河湖库溃决等水流持续作用,使基本条件中的某一条件超过稳定情况下的强度,激发泥石流。

江河湖泊等地表水体的水位变化、地下水活动及强降水多发的气候条件,在滑坡形成过程中起着重要的作用,主要表现在:水软化岩土体,降低岩土体强度,产生动水压力和孔隙水压力,潜蚀岩土体,增大岩土容重,对透水岩石产生浮托力等。尤其是对滑面(带)的软化作用和强度降低作用最突出。

16.3.3.3　植被

不合理的森林采伐、毁林开荒、刀耕火种、陡坡垦植等是我国过去很长一段时间以来很多泥石流、滑坡快速形成和发育的重要影响因素。一般山坡上的森林具有水源涵养和固土保水的作用,经验表明,森林生态系统破坏乃至毁灭导致灾害,都是由于不合理的采伐方式和采伐量造成的。

16.4　灾害调查现状

16.4.1　相关标准

关于地质气象灾害方面的标准有《滑坡崩塌泥石流灾害调查规范（1：50000）》（DZ/T 0261—2014）等。

16.4.2　工作现状

16.4.2.1　调查开展机构

目前,水利部门开展凌汛测报工作,监视水情、凌情动态,及时准确发布凌情信息,气象部门为水利部门提供封、开河气象预报服务,各地防汛办制定相应的凌汛灾害应急预案。如：2008 年 5 月中国气象局印发了《全国气象灾情收集上报调查和评估规定》和《全国气象灾情收集上报技术规范》。

16.4.2.2　业务规定和工作制度

2003 年发布《地质灾害防治条例》（国务院令第 394 号）,并从 2004 年 3 月 1 日起施行。

各地气象部门联合国土部门制定了地质灾害预警预报制度。对开展的联合预报预警的工作时间、工作方式、业务技术准备、预警预报等级划分、信息发布方式、信息反馈方式等相关工作内容进行了规定。

16.4.3　调查内容和方法

16.4.3.1　监测手段

（1）专业监测系统。专业监测系统是采用综合监测手段（全球卫星定位（GPS）监测、遥感（RS）监测、地表和深部位移监测等）建立的对重大崩滑体、泥石流易发区和应急监测的专业化监测。主要包括地表大地变形监测、地表裂缝位错监测、地面倾斜监测、建筑物变形监测、滑坡裂缝多点位移监测、滑坡深部位移监测、地下水监测、孔隙水压力监测、滑坡地应力监测、降水量监测等。

（2）群测群防监测系统。群测群防监测系统是在地方行政管理和专业部门技术指导下,由驻地群众组成的,以及时、普遍获取监测信息为主要目的和以实施巡查与避让为主要措施的群众性监测与防灾体系。群测群防监测系统使专业监测耳聪目明,反应快捷,能及时发现隐患险情,及时监测预警,提高专业监测的能力和成效。

（3）信息系统。信息系统主要由地质灾害防治数据库、减灾防灾决策支持系统和网络化信息管理系统构成。建立基于分布式数据采集、网络化信息处理的地质灾害数据库和信息分级管理系统,以及基于地理信息系统（GIS）的减灾防灾决策支持系统和信息发布与演示系统,实现对地质灾害的监测预警,为各级政府有效地组织防灾减灾行动提供决策支持（马力等,2009）。

16.4.3.2　调查内容、方法

（1）滑坡灾害调查：包括滑坡区、滑坡体、滑坡成因、滑坡危害调查等。

1)滑坡区调查:包括地理位置、地貌部位、斜坡形态、地面坡度、相对高度、沟谷发育、河岸冲刷、堆积物、地表水以及植被。

2)滑坡体调查:包括形态与规模(滑体的平面、剖面形状、长度、宽度、厚度、面积和体积),边界特征(滑坡后壁的位置、产状、高度等),表部特征(微地貌形态、裂缝的分布、方向、长度、宽度),内部特征(滑坡体的岩体结构、岩性组成、松动破碎等),变形活动特征(调查滑坡发生时间、发展特点及其变形活动、滑动方向、滑距及滑速等)。

3)滑坡成因调查:包括自然因素(降水等),人为因素(森林植被破坏、不合理开垦等)。

4)滑坡危害调查:包括滑坡发生发展历史、人员伤亡、经济损失和环境破坏等。

调查方法:采用以实地量测为主的调查方法。

(2)崩塌灾害调查:包括危岩体和已有崩塌堆积体调查。

1)危岩体调查:包括危岩体位置、形态、分布高程、规模;周边的地质构造、地层岩性、地形地貌、岩(土)体结构类型、斜坡组构类型;周边的水文地质条件和地下水赋存特征等;危岩体形成因素,包括降雨、河流冲刷、地面及地下开挖等。

2)崩塌堆积体调查:崩塌源的位置、高程、规模、地层岩性、岩(土)体工程地质特征及崩塌产生的时间;崩塌体运移斜坡的形态、地形陡度、粗糙度、岩性、起伏差、崩塌方式等;崩塌堆积体的分布范围、高程、形态、规模、物质组成、植被生长情况等。

调查方法:采用以实地量测为主的调查方法。

(3)泥石流灾害调查:包括地质条件、泥石流特征、泥石流诱发因素、泥石流危害性调查等

1)地质条件调查:调查范围包括形成区、流通区和堆积区,地形地貌调查,岩(土)体调查,地质构造调查,地震分析,相关的气象水文条件,植被调查,人类活动调查。

2)泥石流特征调查:包括泥石流的类型,形成区的水源类型、汇水条件、山坡坡度等,堆积区的堆积扇分布范围、表面形态等,泥石流沟谷的历史等。

3)泥石流诱发因素调查:包括水的动力类型(暴雨型、冰雪融水型等),当地暴雨强度、前期降雨量、一次最大降雨量等。

4)泥石流危害性调查:了解历次泥石流残留在沟道中的各种痕迹和堆积物特征,了解泥石流危害的对象、危害形式等。

调查方法:采用遥感调查与实地量测相结合的调查方法。

16.5　灾害调查案例

【山南市桑日县绒乡江塘村"7·19"泥石流调查】

(1)地质灾情

2016 年 7 月 19 日 17 时 55 分在桑日县绒乡江塘村吧堆沟境内出现局部暴雨,江塘村拉林铁路中铁港航项目部遭遇泥石流,导致附近的村民住宅受到轻度损伤,致 1 人死亡,1 人失踪,冲毁附近居民牛羊圈、危房,淹死牲畜 20 余头。此次泥石流属大型泥石流。

(2)致灾成因分析

1)随着气候变暖,青藏高原的雪线增高,融雪增多,每年的霜冻期不断缩短,冰雪融化越来越多,致使土地的含水量增高,土层中的岩石长期被水中的矿物质侵蚀,加快岩石的分解。到雨季时,外界通过降水再次增加土层的含水量,引起滑坡泥石流的可能性就增加。

2)七月桑日县整个月持续降水天气,从 7 月 1—8 日持续小雨天气,9 日出现中雨天气,截止 18 日断断续续持续大小不等降水天气。仅 18 d 的降水量就达到了 58.7 mm,月总降水量为 190.1 mm,与历年同期相比属于降水偏多。

3)2016 年 7 月 18 日 20 时至 19 日 20 时降水量为 24 mm,从西藏地区的降水强度来看属大雨。

(3)防治措施

1)在泥石流沟进行全流域工程地质勘查,查明现有的滑坡分布、体积、大漂砾直径等斜坡稳定性程度。预测可能会产生滑坡、崩塌的地段。

2)关注流域降水和水文数据的收集与观测,其中包括沟谷降水量、泥石流流域防治的生物措施,还包括合理耕种畜牧业所需植被种植恢复。

3)防止人为诱发滑坡泥石流,尽可能做到保护环境的同时,合理开发利用。

4)环境保护和土地开发利用双重并肩抓的原则,防止土地使用人工挖的混乱。

5)修建铁路、公路、工厂、城镇扩建等,选址应避开泥石流多发地带。

6)当地有关抗灾办、防灾减灾部门对整个帊堆沟易发泥石流沟段进行全面排查,居民尽可能搬迁离沟较远位置,树立防范意识,气象部门做好强降雨等天气的预报预警工作。

7)建立一套泥石流预警系统,便于人民紧急撤离躲避灾害。

第 17 章 风 暴 潮

17.1 概述

17.1.1 定义

风暴潮是指由于气旋、温带天气系统、海上飑线等风暴过境所伴随的强风和气压骤变而引起的局部海面震荡或非周期性异常升高(降低)现象(GB/T 19721.1—2017《海洋预报和警报发布 第 1 部分:风暴潮警报发布》)。

17.1.2 等级划分

风暴潮的强度可以由风暴潮增水的多少来划分,一般把风暴潮分为 7 级(许小峰等,2009)。

表 17.1 风暴潮强度等级

级别	名称	增水(cm)
0	轻风暴潮	30~50
1	小风暴潮	51~100
2	一般风暴潮	101~150
3	较大风暴潮	151~200
4	大风暴潮	201~300
5	特大风暴潮	301~450
6	罕见特大风暴潮	450 以上

17.2 灾害分布特征

17.2.1 空间分布特征

我国东部濒临渤海、黄海、东海,南部为南海,海岸线长达 18000 km,沿岸带有台风、温带气旋或寒潮大风的袭击,是世界上风暴潮灾害最为严重的国家之一。广东、广西、福建、台湾、浙江、上海是台风风暴潮多发区(温克刚,2008)。

1989—2008 年,我国沿海风暴潮灾害在空间分布上具有相对集中性,受风暴潮灾害影响较为严重的海域主要集中在浙江温州沿海、闽江口、珠江口和海南沿海等地区。20 a 来,我国沿海风暴潮灾害在空间分布上存在较大的差异。特大潮灾主要分布在长江口以南的浙江省、福建省和广东省,其中浙江省的特大潮灾又主要分布在温州一带沿海,福建省的特大潮灾主要分布在福州与厦门之间沿海,广东省的特大潮灾主要分布在阳江—湛江一带沿海;轻度潮灾相对集中分布在渤海湾、海南省和广东省,其中渤海湾的轻度潮灾主要分布在天津沿海,广东省的轻度潮灾主要分布在阳江至雷州半岛之间沿海,而海南省的轻度潮灾主要分布在其东南和东北部(谢丽等,2010)。

17.2.2 时间分布特征

17.2.2.1 年变化

1949—1997年,我国沿海共发生过最大风暴增水值大于1 m的台风风暴潮301次,其中增水大于2 m的有52次,增水大于3 m的1次。温带风暴潮发生频次虽远远高于台风暴潮,但其引发的潮灾次数则明显较少。近50 a来平均每年温带风暴潮灾仅发生1.4次,且一次潮灾造成的损失也相对较小(图17.1、图17.2)(杨桂山,2000)。

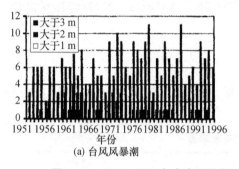
(a) 台风风暴潮

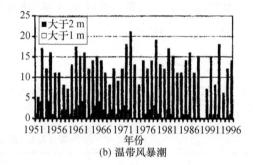
(b) 温带风暴潮

图17.1 1949—1997年来我国沿岸不同强度风暴潮发生频次(引自杨桂山,2000)

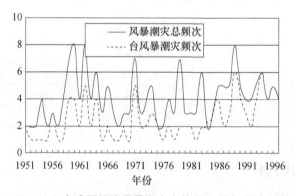

图17.2 1951—1996年我国沿岸风暴潮灾害的发生频次(引自杨桂山,2000)

17.2.2.2 月变化

在西北太平洋沿岸国家中,我国受台风登陆袭击次数最多,主要集中在夏、秋季节;冬、春季影响我国的冷空气和温带气旋活动频繁,常形成大风天气,加上近海大陆架水域较浅,岸带上众多的河湾、宽阔的滩涂有利于风暴潮的充分发展。因而,我国风暴潮灾害一年四季均有发生(许小峰等,2009)。而风暴潮主要出现在夏季和秋季,灾害类型以台风风暴潮灾害为主,温带风暴潮灾害较少。1989—2008年,我国沿海地区发生台风风暴潮灾害主要集中在夏季,其中6—10月所发生的风暴潮灾害次数最多,约占风暴潮灾害总次数的93%;温带风暴潮灾害主要集中在 10 月,约占温带风暴潮灾害总次数的 38%(图 17.3)(谢丽等,2010)。

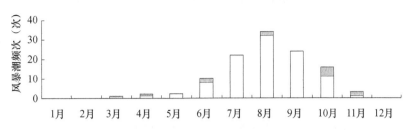

图 17.3　20 a 来我国沿海地区风暴潮灾害次数的季节分布(引自谢丽等,2010)

17.3　成因分析

17.3.1　气象条件

17.3.1.1　天气系统

产生风暴潮的天气系统包括:夏秋季热带气旋(台风)、春秋季冷锋配合温带气旋、冷锋和春秋季、初夏强孤立温带气旋。

17.3.1.2　气象要素及影响因子

强风和气压骤变(通常指台风和温带气旋等灾害性天气系统)导致海水异常升降,使受其影响的海区的潮位大大地超过平常潮位,形成风暴潮灾害。强热带风暴登陆,陆地沿海气压值下降,风力增大时,风暴增水值增大(李玉杰等,2012)。

由于台风强度强,移动迅速,所产生的风暴潮增水大,其危害也大。在北半球,台风是一个逆时针旋转的涡旋,当台风靠近海岸线时,台风前进方向的右侧风向岸吹,它使海水朝向岸边流动、堆积,而台风左半侧通常吹离岸风,因此在其他条件相同的情况下,最大风暴潮增水常出现在登陆点的右侧海岸(许小峰等,2009)。

17.3.2　承灾体

17.3.2.1　主要影响行业

(1)渔业

渔船:在港内受风、浪、潮的共同作用,相互碰撞而损坏或沉没。

渔具:被巨浪打坏。

渔排:被海浪推移相互碰撞而使网箱损坏,养殖的鱼虾流失。

养殖场、育苗场、高位池:池里的生物随潮水游走,发电机、增氧机等被潮水浸坏,导致鱼虾等生物缺氧死亡。

(2)农业

农田:使土壤盐渍化,土壤效力降低。

农作物:受含盐海水浸泡,导致作物减产。

（3）建筑

混凝土结构房屋：易被潮水冲毁，被倒灌海水淹没家用电器和家具被侵蚀。

砖木结构房屋：若分布在近海无阻挡区域，易被潮水冲毁或倒塌。

（4）基础设施

海堤：角落处的堤坝损毁最为严重，容易破裂坍塌；道路、电力与通信设施：被冲毁或损坏，电力与通信阻断。

港口：阻塞港口、淤积航道，使得渔船搁浅。

17.3.2.2 暴露度

承灾体的暴露性即承灾体的暴露程度，是通过承灾体的分布和数量进行刻画。对于单体承灾体而言，分布越靠近灾源，暴露程度越大受灾程度会越大；对于区域承灾体而言，其暴露性还与承灾体的数量与组成有关。如在风暴潮灾害中，沿海的滩涂、房屋、道路、农田等比靠内陆的地区损坏程度大；养殖场内养殖生物密度越大，因缺氧死亡的时间越短（陈思宇等，2014）。

17.3.2.3 脆弱性

承灾体脆弱性分为单体承灾体脆弱性与区域系统承灾体的脆弱性。单体承灾体脆弱性主要是指承灾体自身的因灾损失特性，如人员的身体素质、年龄，海堤的结构、材质，渔船的大小、性能等。区域系统承灾体的脆弱性一般受区域人口密度结构、建筑物分布密度、土地利用分布以及社会经济发展情况等方面影响，它决定了群体系统抵御灾害与因灾受损程度（陈思宇等，2014）。

17.3.3 其他孕灾环境

17.3.3.1 地形地貌

风暴潮孕灾环境主要考虑地理位置、地形特征及地势高低。海岸线越长，与海岸线的距离越近，遭受灾害的风险越高；地形特征越复杂则遭受风暴潮灾害的风险越小；海拔越高遭受风暴潮灾害的风险越高（刘强等，2012）。一般地势平的海岸地带，风暴潮可长驱直入，影响广大的地域，造成较大的损失，如渤海的莱州湾沿海，滩涂广阔，地势比较平坦，每次风暴潮波及范围都很广大；而在地势较高的沿海地带，如山东半岛沿岸，风暴潮潮水入侵范围就有限，因此受灾程度也就轻得多。

17.3.3.2 植被

珊瑚礁、红树林、防护林带等都是保护海岸不受大潮巨浪侵蚀的天然屏障，尤其是红树林可以极大地削减台风和浪潮对海岸的冲击。

17.4 灾害调查现状

17.4.1 相关标准

关于风暴潮方面的标准有《风暴潮防灾减灾技术导则》（GB/T 30746—2014）、《海洋预报和警报发布 第1部分：风暴潮警报发布》（GB/T 19721.1—2017）和《风暴潮漫堤预报技术指南》（HY/T 195—2015）等。

17.4.2　工作现状

17.4.2.1　调查开展机构

风暴潮、海浪灾害现场调查主要由各级海洋部门开展。如 2013 年,国家海洋局派出工作组赴闽、浙两地开展海洋灾害现场调查工作;2010 年 10 月,浙江省海洋与渔业局组织有关专家对宁波、舟山等地遭受的温带风暴潮侵袭灾情开展调查。

17.4.2.2　业务规定和工作制度

2013 年国家海洋局印发《海洋灾情调查评估和报送规定(暂行)》,规定了海洋灾情收集、整理和报送及现场调查评估相关工作。规定指出海洋灾情现场调查按照《海洋灾害调查技术规程》执行。2013 年广州市发布了《广州市风暴潮、海浪、海啸灾害观测与响应应急预案》。2008 年 5 月中国气象局印发了《全国气象灾情收集上报调查和评估规定》和《全国气象灾情收集上报技术规范》。

17.4.3　调查内容和方法

17.4.3.1　监测手段

潮位观测:风暴潮主要依靠沿岸的验潮站进行,验潮站是指在选定的地点,设置自记验潮仪或水尺来记录水位的变化,进而了解海区的潮汐变化规律的观测站。水位观测一般分为水尺观测和自记验潮仪记录两种。目前沿海的验潮站大约有 200 多个,分别隶属于国家海洋局、水利部、交通部和海军等部门,已逐步形成风暴潮监测系统。

气象要素观测:由于风暴潮是由强烈天气系统引发的,所以对于相关气象资料的收集极其重要,天气图等气象图表是获取气象要素观测资料的主要途径,气象卫星云图和沿海雷达、海上浮标、船舶和海上平台等观测资料则是重要的附加手段。通过这些资料可获得海平面气压、海面风向风速、台风中心气压、台风强度、台风移动路径、台风最大风速半径等信息。

17.4.3.2　调查内容、方法

(1)灾害基本情况调查

包括灾害影响时间、地区、天气系统等。

(2)水文气象要素调查

1)水文要素调查

调查灾害发生区域相关台站水文观测记录,包括:当地警戒潮位值、灾害期间的增水值及时间、过程潮位值及时间等。

调查灾害发生海域的海浪观测记录,包括:有效波高、最大浪高及出现时间等。选择的站点应含远海及近岸代表站。

2)气象要素调查

调查灾害发生区域周缘的地面气象观测记录,判定造成风暴潮、海浪灾害的天气系统类别,调查要素主要包括:热带气旋、温带气旋、冷空气及其他天气系统的起止时间、最低气压、最大风速及瞬时最大风速等。

在记录中央气象台发布的相关气象数据后,应结合风暴潮、海浪灾害致灾特点,通过走访当事人,确认灾害发生地区天气系统的影响地点和影响时间。现场调查时,应注明调查机构的

名称,记录气象观测人员的描述。

(3)承灾体损坏调查

现场调查工作主要针对各类易受风暴潮、海浪灾害影响的对象开展,现场调查涉及的具体承灾体类别主要包括沿海房屋、海堤、道路、护岸、电力、通信、海上工程及滨海工程等设施、农田、盐田、水产养殖设施、船只、观测设施、医院、学校、居民区、避灾点等公共设施等。

现场调查受风暴潮、海浪灾害影响的现场情况,获取各类承灾体的名称、位置、损坏程度、数量信息,测量受损区域的长度、面积等,获取各类明显受到风暴潮、海浪破坏的承灾体主要特征点的多媒体信息。

(4)风暴潮淹没调查

当调查区域出现风暴增水淹没海岸线以上陆地时,应开展风暴潮淹没区域调查,主要调查淹没范围、淹没水深、淹没类型。若出现现场无法测量的情况,可根据获取的现场特征结合基础地形地图描绘后得出相关信息。风暴潮淹没范围调查主要是明确淹没范围边缘点的判定方法,测量边缘点的经度、纬度和高程。

(5)减灾措施调查

包括预警报信息、公众信息发布、备灾救灾情况调查。

(6)调查方法

1)淹没范围调查方法:淹没痕迹判定法、漂浮物聚集位置判定法、植被变化判定法和现场询问判定法。

2)淹没水深调查方法:淹没痕迹判定法和现场询问法。

17.5 灾害调查案例

【2014 年 9 月海南、广东风暴潮灾害】

2014 年 9 月中旬,1415 号台风"海鸥"于 9 月 16 日 09 时 40 分在海南文昌市翁田镇一带沿海登陆,登陆时中心附近风力达 13 级(40 m/s),在广东及海南沿岸引发不同程度的风暴潮,并引发潮灾,给海南省和广东省带来严重的经济损失。

9 月 15 日下午,国家海洋局在京召开行政部署会,宣布启动海洋灾害一级应急响应,对"海鸥"风暴潮和海浪灾害防御工作进行动员、部署、落实。在国家海洋局预报减灾司的统一部署下,减灾中心立即组织南海分局、预报中心、广东省海洋与渔业局、海南省海洋与渔业厅等单位成立联合工作组,分别赶赴广东湛江和海南海口开展灾害调查评估工作。

据观测资料,截至 16 日 13 时,湛江站最大增水 421 cm(珠基,下同),超警戒潮位 121 cm;北津站增水 238 cm,超警戒潮位 18 cm;南渡站增水 495 cm,超警戒潮位 159 cm;秀英站增水 199 cm,超警戒潮位 147cm。

9 月 17 日,台风"海鸥"引发的风暴潮和海浪灾害已对海南省和广东省沿海造成严重影响。17 日上午,"海鸥"海洋灾害现场调查工作组分别在海南省海口市区、澄迈县、文昌市东寨港地区和广东省湛江市开展了风暴潮、海浪灾后现场调查。

现场调查发现,"海鸥"影响期间,风暴潮与天文大潮叠加导致的风暴增水造成了海口市区、澄迈县、湛江市区大范围淹没。海口秀英验潮站 16 日出现了破历史纪录的高潮位,实测逐时潮位达 437 cm,超当地警戒潮位 147 cm。其中,秀英港区和得胜沙路步行街被风暴增水完全淹没,新埠岛横沟村最大淹没水深达 1.5 m,澄迈县临港村庄房屋积水普遍超 0.5 m,玉包港、新兴港和林诗港大量渔船、渔网及养殖网箱受浪潮共同作用损坏严重。此外,湛江港内淹没持续时间长达 3~4 h,港内存放的化肥及大豆等被海水浸泡造成较大损失,广东省规模最大的湛江市东方海鲜市场内 600 多个摊位全部被淹,灯楼角北部岸段出现大面积漫堤,毁坏长度达数千米。

9 月 18 日,"海鸥"海洋灾害现场调查工作组继续在海口市区和湛江市开展风暴潮、海浪灾后现场调查工作。在海口,工作组对主城区重点路段的淹没情况进行了现场走访,选取了几个典型代表点进行定位和淹没深度测量。在湛江,工作组主要现场勘查了"海鸥"二次登陆地徐闻县的海堤和渔业养殖受损情况,其中,新廖镇严重受损海堤共 3 条,新安北堤损坏长度约 435 m,新安南堤出现 9 处缺口,新寮镇约 50% 的虾塘养殖被损坏。受此次"海鸥"台风风暴潮影响,陆上对虾养殖几乎全部受损,90% 的虾塘均需进行不同程度重修。

第 18 章 寒 潮

18.1 概述

18.1.1 定义

寒潮是高纬度的冷空气大规模地向中、低纬度侵袭,造成剧烈降温的天气活动(GB/T 21987—2017《寒潮等级》)。

18.1.2 等级划分

寒潮分为三个等级:寒潮,强寒潮和特强寒潮。其中每个等级的标准如下。

寒潮:使某地的日最低气温 24 h 内降温幅度≥8℃,或者 48 h 内降温幅度≥10℃,或者 72 h 内降温幅度≥12℃,而且使该地日最低气温≤4℃的冷空气活动。

强寒潮:使某地的日最低气温 24 h 内降温幅度≥10℃,或者 48 h 内降温幅度≥12℃,或者 72 h 内降温幅度≥14℃,而且使该地日最低气温≤2℃的冷空气活动。

特强寒潮:使某地的日最低气温 24 h 内降温幅度≥12℃,或者 48 h 内降温幅度≥14℃,或者 72 h 内降温幅度≥16℃,而且使该地日最低气温≤0℃的冷空气活动(GB/T 21987—2017《寒潮等级》)。

18.2 灾害分布特征

18.2.1 空间分布特征

我国的寒潮天气现象非常普遍,全国范围内都受其影响。根据近 50 多年的资料统计,我国的寒潮天气事件地理位置分布是从北向南发生频次逐渐递减。其中东北地区、内蒙古中部和新疆北部发生频率最高,部分地区年平均发生次数在 8 次以上;黄河以北地区年平均寒潮次数在 4 次以上;东部的长江流域到华南一带在 3 次左右;青藏高原和西南一带最少,年平均 2 次左右(马树庆等,2008)。

18.2.2 时间分布特征

利用中央气象台提供的 1951—2006 年的寒潮数据统计发现,1951—2006 年共发生寒潮 87 次,年平均 1.6 次。全国强冷空气过程(包括寒潮)共 418 次,年平均 7.5 次,见图 18.1。强冷空气和寒潮的年代际变化较为一致。20 世纪 50 年代和 60 年代均为我国寒潮高发时期,每年均有 23 次寒潮过程,70 年代共有 20 次,进入 80 年代后频次骤减,80 年代和 90 年代均只有

8 次。总体来看,随着时间的推移,寒潮和强冷空气的频数年际变化呈现递减的趋势。1951—2006 年寒潮活动的年频数标准化处理结果如图 18.2 所示,寒潮发生最多的是 1967 年,共 5 次。而有 12 a 未出现寒潮,除 1974 年外有 8 a 均发生在 20 世纪 80 年代和 90 年代,而 2001—2006 年的 6 a 中有 3 a 未出现寒潮。线性趋势线反映寒潮年频数呈明显下降趋势。通过统计发现,过去 45 a 中寒潮主要减少趋势集中发生在新疆、华北、东北和华东地区,其中最大减少次数达到 1~2 次/(10 年)。

我国的寒潮在每年的 11 月、12 月和 3 月、4 月发生最多,9 月最少;南方地区的寒潮多发生于春季,其中 3 月最多;北方则相反,10—12 月的寒潮明显多于其他月份,这主要和来自北方的冷空气进退时节有关(马树庆等,2008)。

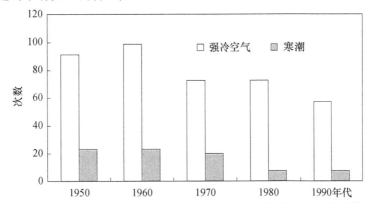

图 18.1 1951—2006 年强冷空气和寒潮发生频次年代际变化(引自马树庆等,2008)

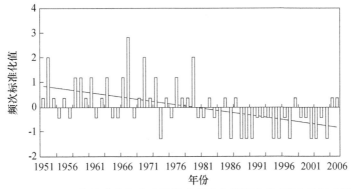

图 18.2 1951—2006 年强冷空气和寒潮发生频次年代际变化(引自马树庆等,2008)

18.3 成因分析

18.3.1 气象条件

18.3.1.1 天气系统

寒潮是一种较大尺度的大型、复杂天气过程。寒潮的爆发主要与产生冷空气的环流天气系统有关,天气系统主要包括有极涡(绕极型、偶极分布和多极分布)、极地高压、地面蒙古冷高压、冷锋和温带气旋。

18.3.1.2 气象要素及影响因子

根据寒潮天气的定义,寒潮发生时主要的气象特征包括:

(1)低温:某地日最低气温≤4℃;

(2)急剧降温:日最低气温 24 h 内降温幅度≥8℃,或者 48 h 内降温幅度≥10℃,或者 72 h 内降温幅度≥12℃;

(3)另外,寒潮天气的发生往往伴随着大风、雨雪、霜冻等天气现象发生。

18.3.2 承灾体

18.3.2.1 主要影响行业

寒潮是一种大型天气过程,往往能引发多种严重的气象灾害。寒潮过境时造成大范围的剧烈降温,对人、畜和农作物造成霜冻害和冻害;寒潮过境时会伴随大风并伴随着暴雪等强烈天气,导致暴风雪灾害的发生;寒潮过境时能致使温度、风和湿度发生剧烈变化,在我国的西北地区和黄土高原引发沙尘暴天气;寒潮过境一般会在影响区域内引发冻雨、雾凇和寒露风等灾害性天气。寒潮过程会使路面积雪结冰,电线挂冰,引发交通阻塞,通信中断。强降温对于正在生长的农作物、果木及热带作物造成严重的霜冻害,出现减产甚至是绝收情况。寒潮灾害对农业造成的影响非常大。寒潮过境时的降温超过 10℃甚至更高,会超过很多农作物的耐寒能力,造成农作物大面积发生霜冻害和冻害。同时,寒潮过境时伴随的雨雪、大风和降温天气会造成低能见度、地表结冰和路面积雪上冻等现象,对公路交通、铁路和海上作业安全等带来较大威胁,严重影响人类的生产和生活。寒潮过境时大风天气和雨雪过程会造成民航航班的耽搁和取消、旅客滞留。寒潮来袭时易引起海上风暴潮,严重影响着航海和航运。另外,寒潮过程的强降温会对人体健康造成较大危害,易造成人体呼吸道疾病和心脑血管疾病的发生。

寒潮造成的灾害影响非常广泛,灾害特征具有多样化特征。经过统计,承灾体和影响行业主要如下。(1)人:伤亡和疾病;(2)畜:伤亡和疾病;(3)农作物:死亡、减产、绝收、经济损失;(4)建筑物:受损、破坏、倒塌;(5)公路和铁路交通运输:交通瘫痪、受阻;(6)民航系统:航班取消、旅客滞留和经济损失;(7)航海航运:船只受损、毁坏;(8)养殖水产品:死亡、经济损失。

18.3.2.2 暴露度

寒潮是大范围的天气过程,寒潮灾害往往伴随着多种气象灾害同时发生。如雪灾、低温冷害、雾凇、霜冻害、大风等。因此,寒潮灾害的暴露度通常包括农业设施分布、农业经济密度、人口密度、GDP 等。

18.3.3 其他孕灾环境

下垫面的差异会导致寒潮影响迥异,水体、湿地等下垫面有一定保温作用,可以有效减少低温带来的危害。另外,土地利用类型(城市、乡镇、农村)、人口密度、经济密度等也是影响寒潮灾害损失情况的重要因素。

18.4 灾害调查现状

18.4.1 相关标准

关于寒潮灾害方面的标准有《冷空气等级》(GB/T 20484—2017)和《寒潮等级》(GB/T

21987—2017)等。

18.4.2 工作现状

18.4.2.1 调查开展机构

目前,寒潮灾害主要由气象、农业和林业等部门开展调查。如:2017 年 2 月,山东省德州市气象局针对寒潮对小麦大田和大棚蔬菜的影响开展了实地调查;2016 年 3 月,黔南州气象局专家就种植基地遭受寒潮的灾情开展调查;2018 年 4 月,甘肃省白银市气象局联合农林部门对景泰县条山农场、喜泉乡等地进行林果、农田受灾情况实地调查。

18.4.3 调查内容和方法

18.4.3.1 监测手段

对于寒潮主要关注的气象指标是温度,观测手段来源于气象观测站的地面观测。覆盖我国各地区的气象观测站为寒潮的天气过程监测提供了数据保证。

18.4.3.2 调查内容

(1)灾情描述:受灾区域、受灾对象、灾害损失情况、农作物受灾面积、农作物成灾面积、农作物绝收面积等。

(2)气象因素

灾害发生时的气象条件,包括气温、风速风向、天气系统、天气现象等。

(3)环境因素

1)灾害发生地行政区域、经纬度、海拔高度。

2)受灾区域的地形地貌、水域、植被分布、地质等情况。

3)受灾区域主要产业结构及经济发展状况。

(4)历史因素

受灾地历史上发生寒潮灾害的情况,包括灾害发生的时间、致灾因子和主要灾情损失情况等。

18.4.3.3 调查方法

(1)实地调查:对灾害现场进行实地调查,包括寒潮影响区域、承灾体受损情况等。对灾害现场拍摄现场照片或进行录像,对典型破坏物象,宜近距离拍照并进行测量。

(2)采访询问:对灾害目击者、受灾人员进行现场采访,询问灾害发生及影响情况,进行现场采访时应进行录音或录像。

(3)查阅资料:查阅气象观测资料,获取灾害发生时气象信息;查阅其他部门资料获得灾情信息。

18.5 灾害调查案例

【2008 年江南、华南地区寒潮灾害】

2008 年 1 月 10 日至 2 月 2 日,江南大部连续出现了 4 次寒潮低温天气过程,造成农作物霜冻和冻害受灾面积 1.4×10^7 hm²,绝收 2.1×10^7 hm²。湖南、江西、贵州、湖北和广西等 20 个省(自治区)蔬菜受灾面积 2.9×10^6 hm²,占同期农作物受灾面积的 22%。

第 19 章　森林草原火灾

19.1　概述

19.1.1　定义

　　森林或草原的可燃物在有利燃烧的条件下,接触人为火源或自然火源之后,就能燃烧、蔓延,对森林或草原造成不同程度的损害,这就是森林火灾或草原火灾,简称森林草原火灾(王正非等,1985)。

19.1.2　等级划分

　　(1)森林火灾(《森林防火条例》,2009,国务院)

　　1)一般森林火灾

　　受害森林面积在 1 hm² 以下或者其他林地起火的,或者死亡 1 人以上 3 人以下的,或者重伤 1 人以上 10 人以下的。

　　2)较大森林火灾

　　受害森林面积在 1 hm² 以上 100 hm² 以下的,或者死亡 3 人以上 10 人以下的,或者重伤 10 人以上 50 人以下的。

　　3)重大森林火灾

　　受害森林面积在 100 hm² 以上 1000 hm² 以下的,或者死亡 10 人以上 30 人以下的,或者重伤 50 人以上 100 人以下的。

　　4)特别重大森林火灾

　　受害森林面积在 1000 hm² 以上的,或者死亡 30 人以上的,或者重伤 100 人以上的。

　　(2)草原火灾(《草原火灾级别划分规定》,2010,农业部)

　　1)特别重大(Ⅰ级)草原火灾

　　受害草原面积 8000 hm² 以上的,或者造成死亡 10 人以上,或造成死亡和重伤合计 20 人以上的,或者直接经济损失 500 万元以上的。

　　2)重大(Ⅱ级)草原火灾

　　受害草原面积 5000 hm² 以上 8000 hm² 以下的,或者造成死亡 3 人以上 10 人以下,或造成死亡和重伤合计 10 人以上 20 人以下的,或者直接经济损失 300 万元以上 500 万元以下的。

　　3)较大(Ⅲ级)草原火灾

　　受害草原面积 1000 hm² 以上 5000 hm² 以下的,或者造成死亡 3 人以下,或造成重伤 3 人以上 10 人以下的,或者直接经济损失 50 万元以上 300 万元以下的。

　　4)一般(Ⅳ级)草原火灾

受害草原面积 10 hm² 以上 1000 hm² 以下的,或者造成重伤 1 人以上 3 人以下的,或者直接经济损失 5000 元以上 50 万元以下的。

19.2　灾害分布特征

19.2.1　空间分布特征

(1)森林火灾

森林火灾在不同气候带的分布不同,但有明显的地理分布规律,南北回归线之间属热带地区,林火相对较少;从回归线向南或向北到两极,尤其是纬度在 48°~61°N 之间为多火灾区,例如我国的东北地区。就全国而言,从火灾次数来看,1950—2010 年间火灾发生次数最多的是云南,其次是湖南、广西、贵州、福建、广东、四川、江西、浙江、湖北等;从火场面积来看,森林火灾火场总面积最大的是黑龙江,其次是内蒙古、云南、广西、广东、福建、贵州、湖南、江西、湖北;从成灾面积来看,年均成灾面积最多的是黑龙江,其次是内蒙古、湖南、福建、浙江、贵州、广西、江西、广东和湖北,其中黑龙江和内蒙古年均成灾面积显著高于其他省份(苏立娟等,2015)。

(2)草原火灾

我国草原火灾发生的地域性强,主要包括黑龙江、辽宁、吉林、河北、陕西、山西、内蒙古、宁夏、甘肃、青海、四川、新疆 12 个省(自治区)(周广胜等,2009)。

1)极高火险区:主要分布在内蒙古东部地区,基本上包括了草甸草原的大部分,占总分布面积的 91.6%。其次是吉林省,占总分布面积的 7.1%。

2)高火险区:主要分布在内蒙古的呼伦贝尔市、锡林郭勒盟及兴安盟,新疆的伊犁、塔城及四川的甘孜、阿坝、凉山等地区,其中内蒙古分布面积最大(57.5%),其次是新疆(13.75%)和四川(11.17%)接下来依次为吉林(5.02%)、辽宁(4.23%)、河北(3.8%)、黑龙江(1.43%)。

3)中火险区:主要分布区依次为内蒙古(38.38%)、黑龙江(14.56%)、新疆(13.04%)、甘肃(6.92%)、吉林(5.89%)和青海(3.60%)。

4)低火险区的主要分布区依次为内蒙古(33.94%)、新疆(18.55%)、四川(8.99%)、陕西行(16%)、山西(17%)、河北(4.42%)、辽宁(3.02%)、黑龙江(2.59%)。

5)无火险区:以新疆为最多(30.64%),其次为青海(25.29%)和内蒙古(22.54%);再次为四川(9.48%)和甘肃(9.1%)。

19.2.2　时间分布特征

19.2.2.1　年变化

从年际变化来看,全国火灾次数呈现波浪式下降趋势。1954—1957 年、1961—1963 年、1979 年、1986 年属于火灾频发年份,20 世纪 90 年代火灾次数相对较少;全国火场面积总体表现为下降趋势,与火灾次数的趋势基本一致。1955—1956 年、1962 年、1976—1977 年火场面积较大,20 世纪 90 年代以后火场面积相对较小(图 19.1)(苏立娟等,2015)。

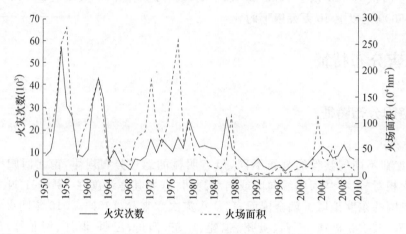

图 19.1　1950—2010 年全国火灾次数和火场面积年际变化(引自苏立娟等,2015)

1988—2010 年间全国成灾面积总体表现为上升趋势,尤其 2003—2006 年是成灾面积较大的时期。全国森林火灾受伤死亡人数总体呈波浪式下降趋势,但从 2002 年之后,年均死亡人数有所增加,峰值时达到 252 人(图 19.2)(苏立娟等,2015)。

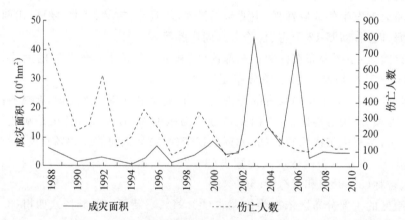

图 19.2　1988—2010 年全国森林火成灾面积和伤亡人数年际变化(引自苏立娟等,2015)

19.2.2.2　月变化

内蒙古森林草原火灾的发生具有明显的月变化,从图 19.3 内蒙古月火灾发生次数变化图可以看出,4 月、5 月发生火灾次数最多,占全年火灾总数的 61.3%,10 月火灾发生次数次多,占全年火灾总数的 14.4%,7 月、8 月火灾发生的次数最少,20 a 中只发生了 1 次火灾,1 月和 12 月发生的火灾次数次少,20 a 中只发生了 11 次火灾,平均 2 a1 次。从气候变化看,由于内蒙古春季降水少,气温回升快,大风日数多,地被物十分干燥,因此极易发生火灾。秋季昼夜温差大,伴随着降水减少,地被物干枯,因此火灾次数为次多。冬季多降雪天气,人员活动减少,火灾发生次数较少,夏季随着雨季的来临,植被的返青,空气湿度增大,因此无火灾发生(李兴华,2007)。

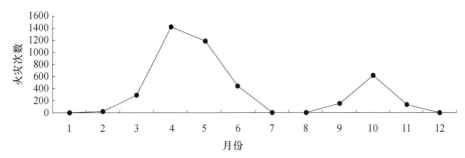

图 19.3　内蒙古月火灾发生次数变化图(引自李兴华,2007)

19.2.2.3　日变化

火灾的日变化具有普遍性规律。从各国的火灾统计资料看,一日中火灾次数的最高峰均在中午前后,而早晚则较少。这主要是由于中午前后的气温最高,相对湿度最小,风速较大,蒸发力也较强,地表的可燃物很快变干,再加上上升气流和局部对流很强,着火很容易蔓延,也容易发生火旋风、飞火等(周广胜等,2009)。研究表明,我国森林火灾多发生在 04—18 时,其中 11—15 时是森林火灾高发时段、过火面积较大(陶玉柱等,2013)。

19.3　成因分析

19.3.1　气象条件

19.3.1.1　天气系统

天气形势直接影响降水、温度、湿度等气象要素,因此天气形势与森林草原火灾必然具有相关性。当高压系统控制内蒙古的森林草原地区时,在高压脊的前部或中心附近由于晴天较多,气温偏高,空气干燥容易发生。春、秋季受蒙古气旋影响,容易产生大风和强降温天气。

19.3.1.2　气象要素及影响因子

(1)森林火灾

对河南省的资料统计分析表明:气温低于 -10℃时一般无火灾发生;气温高于 -10℃但低于 0℃时,可能有火灾发生;气温在 0℃和 10℃之间时,发生火灾次数明显增多,受灾程度也最严重;而当气温高于 10℃时,地上的草本植被已返青开始生长,火灾次数又逐渐减少;但在夏季和秋季的干旱时期,气温高(>30℃)而空气相对湿度较低($<30\%$),火灾则进入高发时期(陈天锡等,2000)。对于大兴安岭地区,在气温日较差小于 12℃,且多阴、雨、雾天气条件时,火险较低;而在气温日较差大于 20℃,天气晴朗、白天增温剧烈,且午后风速也增大时,火灾较易发生。但是对福建省而言,日较差温度在 6~12℃时,火灾的发生次数和受灾面积均明显增加。

空气湿度是火险天气中的关键因素,是可燃物能否燃烧以及衡量火势蔓延速度的重要参数。空气湿度对可燃物含水率影响最大,无论是木本还是草本可燃物,都与大气之间不断进行着水汽交换(王正非等,1985)。在一般情况下,空气相对湿度$>75\%$时不会发生林火,相对湿度在 $55\%\sim75\%$ 时可能发生林火,当相对湿度$<55\%$时容易发生林火,而当相对湿度$<30\%$时就可能发生特大火灾。

前期持续干旱高温少雨,发生雷击火可能性就大,而且雷击火造成的灾害也大。大兴安岭原始林区 134 起雷击火中,日最高气温 24℃ 以上的占总次数 63％,最高气温 15℃ 以下没有发生;绝大部分雷击火发生时的风速在 3 级以下,5 级风以上会造成重大森林火灾;当空气相对湿度在 30％～50％ 时发生雷击火的次数占 61％,当空气湿度大于 66％ 时基本无雷击火发生(赵可新等,2006)。

(2)草原火灾

从青海省火灾个例统计分析,草原火灾 75％ 集中出现在连续性无降水日数＞20 d 的时期;当风速在 2～4 m/s 时,过火面积小,易于控制,如牧草极度干枯,草火在垂直方向草根渗烧,甚至烧透整个草皮层。风速＞6 m/s 时,过火面积平均在 30 hm² 以上:风速＞10 m/s 时,过火面积在 100 hm² 以上;10 月和 2—4 月草原火灾 70％ 出现在气温高于 10℃ 时,地温＞30℃ 以上。根据统计,火灾出现前,14 时的地温 D 连续上升 3～5 d,且 ΔD_{24}＞4℃:但当 14 时地温 D＜10℃ 时,草原发生火灾的概率只有 2％;火灾出现前的 14 时相对湿度连续下降 2～3 d,且 ΔU_{24}＜10％ 或 U＜20％。14 时相对湿度与过火面积呈反相关,14 时相对湿度越小,过火面积越大。14 时相对湿度在 2％～20％ 时,过火面积在 30 hm² 以上。高原冬春季 14 时相对湿度＞50％ 时,不发生草原火灾;2—4 月青海草原受稳定的暖高压控制时,日平均风速在 3～5 m/s 时,日蒸发量＞4 mm,蒸发量增大、植被水分减少、地表物越加干燥,越易引发火灾(张景华等,2007)。

19.3.2　承灾体

19.3.2.1　主要影响行业

主要对林业、农牧业、人员等造成影响。

19.3.2.2　暴露度

森林草原火灾的暴露度具体计算指标主要包括火灾次数、火场面积和成灾面积、人员伤亡、成林蓄积损失等。

19.3.2.3　脆弱性

森林火灾脆弱性主要包括生命脆弱性和经济脆弱性。

(1)人口密度。人类活动是引发森林火灾的主要原因之一。当人口密度较小时,森林火灾主要由非人为因素引起,如闪电、自燃等;当人口密度较大时,非人为因素的影响就变小了,人口密度与人为因素引发的火灾概率满足一个幂律关系。我国人为火源占全国总火源数量的 98％ 以上。

(2)森林资源价值。有广义和狭义两种解释。从广义讲,林价是森林价值的货币表现,它包括森林中的立木价值,森林中的动物、植物、微生物等产品的价值,森林的生态效益价值。从狭义上讲,林价是森林活立木价值的货币表现,即立木价格(范晨,2010)。

19.3.3　其他孕灾环境

(1)地形

地形主要通过影响局地气象因子来影响火灾。例如云南省南盘江林区、四川省西昌林区,海拔高度平均达 3000 m 左右,坡度较缓、由河谷到顶峰经过无数阶梯,每层阶梯上部有平缓的山坳。火灾发生时,火由山脚向山顶蔓延要经过慢坡、小平地、陡坡和峭壁等地段,容易形成树干火和树冠火;在起伏不大、好似小平原的地坪上的林区如发生火灾很不容易扑灭;而新疆维吾尔自治区的天山山脉而言,林木主要依靠高山融雪滋润在山腹部小低地上生长的呈团状分布的云杉,发生地表火后容易发展成树冠火;丘陵山区等中小地形易形成高温低湿的干热风,对林火发生起着推动作用(王正非等,1985)。

（2）植被分布

森林火灾空间分布规律的主导因素是植被分布和人员活动。如建阳市森林火灾多发生在林地面积广大、人口众多的中部地区(陈建忠等,2010)。平原与山地相接的边缘地带一方面具有一定的森林植被覆盖,另一方面人为活动相对于山地内部也较为频繁,容易引起森林火灾(杨广斌等,2009)。

（3）土壤湿度

土壤湿度常被用于指示地被物的干旱状况,对于容易在夏季或秋季发生地下火的地区很有意义。1965 年 9—10 月,我国大兴安岭的阿尔山、乌尔其汗和根河附近由于烧防火线跑火造成不同程度的森林火灾,这些火灾都变成地下火(周广胜等,2009)。

19.4　灾害调查现状

19.4.1　相关标准

关于森林草原火灾方面的标准有《森林火灾损失评估技术规范》(LY/T 2085—2013)和《雷击森林火灾调查与鉴定规范》(LY/T 2567—2016)等。

19.4.2　工作现状

19.4.2.1　调查开展机构

由林业主管部门会同气象等有关部门开展调查和评估。

19.4.2.2　业务规定和工作制度

在规定方面,主要有《森林防火条例》(国务院令第 541 号)、《草原防火条例》(国务院令第542 号)、国家林业局关于印发《东北、内蒙古重点国有林区伐区调查设计质量检查技术方案》(试行)及部分地方政府下发的应急预案。如:靖边县人民政府发布了《靖边县处置重特大森林草原火灾应急预案》。

19.4.3　调查内容和方法

19.4.3.1　监测手段

除了常规的人工和飞机等监测手段外,目前已迅速发展的卫星遥感监测发挥了重要作用。美国、加拿大、巴西和墨西哥等国家先后开展了利用 NOAA-AVHRR,TM 和国防卫星(DM-SP)等卫星数据探测森林火灾的实验和研究。最早应用于森林火灾监测的卫星平台是美国国家海洋和大气管理局的 NOAA 系列卫星和地球静止业务环境卫星 GOES 系列。截至目前,这两个系列的卫星仍然作为主要的遥感监测平台,在森林火灾的监测中发挥着重要的作用,尤其是 NOAA 系列卫星所搭载的甚高分辨率辐射仪 AVHRR。NOAA/AVHRR 数据被一直广泛深入地应用于全球范围内的各种类型火灾研究。1999 年美国国家航空航天局(NASA)

提出了新计划,发射了 EOS-AM1 卫星 Terra,其中星上搭载的中分辨率成像光谱仪 MODIS 在分辨率和精度等方面都有了较大的提高。在森林火灾的监测精度、准确度的改进上有了很大的提高。此外,还有其他卫星应用于火灾的研究,如 SPOT 卫星、Landsat 卫星以及我国风云卫星、"环境一号卫星"等。

19.4.3.2 调查内容

(1)森林火灾调查内容包括森林火灾火因调查、肇事者调查与确认、火灾面积调查、林木损失调查和其他经济损失调查(王旭等,2017)。

(2)森林火灾调查程序

森林火灾调查程序见图 19.4(蔡根有,2014)。

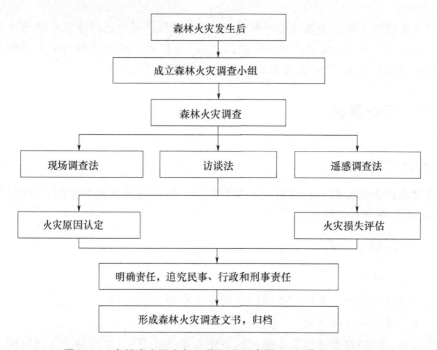

图 19.4　森林火灾调查与评估程序示意图(引自蔡根有,2014)

19.4.3.3　调查方法

(1)调查方法(蔡根有,2014)

起火原因排除法。用排除法排除森林火灾区域与火灾发生原因毫无关系的人事活动、起火源和起火物,如生产性用火、非生产性用火和其他引起火灾的原因,根据用火行为和林火原理确定起火点。

分析判断起火原因。以起火点为中心,根据周围环境、现场情况扩大勘查范围,获取其他有关的痕迹物证。

现场调查笔录。

(2)调查工具

皮尺、直径卷尺、测绳、照相机、望远镜、记录本、铅笔、小刀、万分之一地形图、指南针或GPS 定位仪、手提电脑、气象仪器(王旭等,2017),以及无人机遥感监测(张增等,2015)。

19.5　灾害调查案例

【2003 年大兴安岭"3·19"草甸森林火灾】

2003 年 3 月 19 日以来大兴安岭地区发生了由防火线复燃引起的大面积草甸森林火。

大兴安岭地区自 2002 年夏季以来,气候异常,高温干旱、少雨多风的火险天气持续不下。全年的降水量仅为 31 mm,比 1987 年发生"5·6"大火前一年的 1986 年年降水量还少 36 mm,干旱达到了历史上少有的程度,而且地下腐殖质层都已干透,具备了发生大火的客观条件。由于大兴安岭地区长期干旱少雨,特别是上一年冬季和今年春季一直没有较大的降雪过程,致使隐燃在草甸地下的防火线残火,从今年 3 月 19 日开始,发生大范围的复燃现象。发生的范围主要集中在东南部地区,其中包括加林局、松岭、南瓮河、新林、十八站、韩局和呼玛。据统计,3 月 19 日至 4 月 4 日,大兴安岭地区共发生草甸森林火 12 起,全部是因为防火线残留火复燃所致。这次草甸森林火在特点上与夏火非常类似,不仅火点多,战线长,而且伴随大面积的地下火,给扑救和清理看守工作造成极大困难,这次草甸森林火扑救极其艰苦。主要特点是气候干旱、风大,在扑救山火的短短 17 d 时间里 5 级风以上天气就有 6 d,且风向不定,气温高,火势猛。这次草甸森林火累计过火面积 318025 hm^2,其中草甸过火面积 317234.8 hm^2,林地过火面积 790.2 hm^2,造成林地直接损失 2060.36 万元。

第20章 龙 卷

20.1 概述

龙卷是在极不稳定天气条件下由空气强烈对流运动而产生的一种伴随着高速旋转的漏斗状云柱的强风锅旋,强风和快速旋转下产生的强低压中也使得旋转风区域内饱和水汽压较周围环境低,水汽在上升过程中经绝热冷却过程于抬升凝结高度 W 下便能转变为云滴,因此形成了可见的漏斗云(王霁吟,2015)。

龙卷强度分级主要根据日本籍科学家藤田哲也提出的藤田级数(Fujita,1971),分为 F0～F5 五个等级(表 20.1)。

表 20.1 龙卷分级标准

等级	估计风速(m/s)	典型的龙卷破坏程度
F0	<33	轻度破坏 损坏烟囱;刮断树枝;拔起浅根树木;毁坏商店招牌。
F1	33～50	中度破坏 掀起屋顶砖瓦;刮跑或掀翻移动住房;行驶的汽车被刮离路面。
F2	51～70	较严重的破坏 刮走屋顶;摧毁活动住房;掀翻火车车厢;连根拔起大树;空中轻物狂飞;汽车被卷离地。
F3	71～92	严重破坏 坚固房屋的屋顶和墙壁被刮走;掀翻火车;森林中大多数树木被连根拔起;重型汽车被卷离地并被抛起。
F4	93～116	毁灭性破坏 坚固房屋被夷为平地;基础不牢的建筑物被刮走;汽车被抛向空中;空中大的物件横飞。
F5	117～142	极度破坏 坚固房屋框架被刮走;汽车大小的物件在空中横飞超过 100 m;飘飞碎片挂树梢;出现难以置信的现象。

20.2 时空分布

20.2.1 空间分布特征

经过资料统计,我国的三个主要龙卷发生地为东北地区、东部沿海和南部地区(魏文秀等,1995;冯靖等,2012)。统计 1984—2013 年我国龙卷灾害发生频次的分布,发现总体上表现为西少东多的特征。

20.2.2 时间分布特征

对 1984—2013 年全国共发生的龙卷进行统计,发现近 30 a 我国龙卷灾害年发生次数总体上呈现明显的减少趋势,且具有明显的阶段性(图 20.1)。

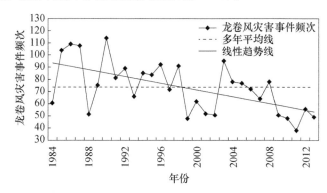

图 20.1 1984—2013 年我国龙卷灾害事件频次逐年变化(引自魏文秀等,1995)

我国东部龙卷发生的年变化具有显著的季节性。从 1981—1993 年龙卷发生的统计资料看,主要集中在春、夏两季,尤以 8 月份为多,7 月份次之,7 月、8 月两月约占全年总数的 59.6%。(图 20.2)(魏文秀等,1995)。

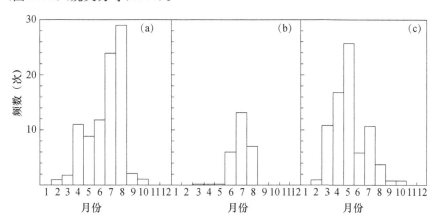

图 20.2 龙卷发生的月变化(引自魏文秀等,1995)

(a)我国东部(1981—1993 年);(b)河北、山东省(1981—1993 年);(c)广东省(1971—1985 年)

选取了 1980—2009 年全国 725 个有龙卷记录的台站在不同日期发生的 115 次龙卷事件,从每天发生的时刻来看(图 20.3),多出现在 12—18 时(冯婧,2012)。

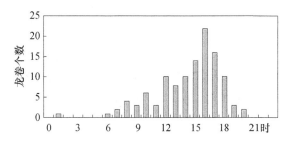

图 20.3 龙卷发生的日变化(引自冯婧等,2012)

20.3　成因分析

20.3.1　气象条件

20.3.1.1　天气系统

从理论上来讲,龙卷的形成同雷暴有关。龙卷的发生往往是在雷暴中的一个旋转的空气区或气涡向下伸展到地面的结果(魏文秀等,1995)。不同地区对于龙卷发生的天气形势不同,如黄淮海平原的温带气旋、华南地区"副高外缘暖高前缘型"和华东地区"副高外缘冷涡型",还有东北地区高空冷涡、华东或华南登陆后的热带气旋引发的龙卷和少数其他地区发生的龙卷(魏文秀等,1995;王霁吟等,2015)。

20.3.1.2　气象要素及影响因子

龙卷的产生有三个必要条件:湿润的空气必须非常不稳定;在不稳定空气中必须形成塔状积雨云;高空风必须与低空风相反,从而产生风切变将上升的空气移走。三个条件同时出现,则可能发生龙卷(潘文卓,2008)。冯婧等发现7—8月06时(UTC)的对流有效位能(E)与深层垂直风切变(S)是影响我国龙卷的2个重要因子,ES的高值中心更好地对应于龙卷事件发生的集中区(冯婧等,2012)。王霁吟等认为我国龙卷发生的首要条件是合适的对流有效位能和大的深层风切变,低的抬升凝结高度和大的低层风切变也是重要因素(王霁吟等,2015)。

20.3.2　承灾体

龙卷是小尺度的天气现象,其灾害影响时间非常短、突发性强,但破坏力极大。首先,龙卷形成的强风能将尘土和其他松散物质卷向高空,远远地甩出或扔向地面,所到之处对人员、建筑物、农林业、交通和渔业等影响巨大,可吹倒房屋、拔起树木、折断电线杆、刮倒高压线铁塔、吹翻船只、卷走行人等,伴随龙卷的移动,可能出现大量的飞射物,如屋架、瓦片、树木、钢梁等。其次,龙卷的出现常伴随着雷暴、冰雹和强降水,而这些强对流天气往往对交通、农业、通信、人员生命产生不利影响,使灾情加重。

20.3.2.1　主要影响行业

龙卷巨大的能量能将尘土和其他松散物质卷向高空,远远地甩出或扔向地面,其破坏力极强,并且常伴随着雷暴、冰雹和强降水,所到之处对人员、建筑物、农林作物、交通和渔业等均能造成严重破坏(潘文卓,2008)。

20.3.2.2　暴露度

龙卷灾害的暴露度通常包括人口密度和GDP。人类是龙卷灾害的承灾体,特别是人口密度大的地区,建筑、生活设施多,增大了龙卷发生造成人员伤亡的概率;经济条件是影响龙卷灾害程度及成灾轻重的重要因素,经济发达地区,生产力水平高,行业规模大,工业、民用建筑密集,龙卷造成的损失也越严重。

20.3.3　其他孕灾环境

研究表明,市区由于"热岛"效应的作用,龙卷发生较少,而在城市"热岛"边缘的郊区气温梯度特别大,有利于龙卷的发展。

20.3.3.1　地形地貌

将强风暴分为 3 类:大冰雹、狂风和龙卷强风暴。根据 57 次强风暴天气个例的发生情况,将地点分为平原、丘陵、山区 3 类,发生在平原地方的强风暴有 31 次,丘陵地区的强风暴有 22 次,山区的强风暴有 4 次,占总次数的比例分别为 54.4%、38.6% 和 7.0%(周后福,2015)。研究表明,下垫面粗糙度的增加会引起龙卷减少(周超,2014)。

20.3.3.2　河流、水系

在龙卷易发季节,地面温度高,对流强烈,河湖周围的水汽条件充足,容易给龙卷的产生与维持提供大量的水源,十分有利于龙卷天气系统的发生、发展(潘文卓,2008)。因此,河网越密集的地区,龙卷发生越频繁。

20.4　灾害调查现状

20.4.1　相关标准

《龙卷灾害调查技术规范》(GB/T 34301—2017)规定了龙卷灾害调查的调查原则、组织方式、调查对象和内容、资料处理和分析方法等。适用于因龙卷造成的人员或动物伤亡、植物、建筑物或设施的物理损坏、环境的破坏等灾害的调查。

20.4.2　工作开展情况

20.4.2.1　调查开展机构

气象等部门开展了龙卷灾害调查。如 2017 年,北京大学物理学院大气与海洋科学系强对流研究团队协同中国气象科学研究院、广东省佛山市龙卷研究中心、内蒙古自治区气象局等多家单位组成气象灾害联合调查组,针对 8 月 11 日内蒙古赤峰市克什克腾旗和翁牛特旗的 5 个村组(前进、八里庄、十里铺、五台山和山咀子)遭受的强风灾害进行了调查。

20.4.2.2　业务规定和工作制度

2016 年 10 月,中国气象局启动为期 3 年的龙卷监测预警试验业务,探索龙卷监测预报预警业务建设所需要的基础支撑条件、业务技术体系和预警服务体系。根据试验方案,到 2019 年,中国将初步建立龙卷等致灾性强对流天气的短时临近预警技术体系,建立利用社会资源的龙卷、冰雹、大风等强对流天气的观测和资料汇交制度、龙卷灾情调查制度;建立龙卷业务标准化规范和业务流程。

2015 年 6 月,佛山市气象局与中国科学院云降水物理与强风暴重点实验室联合成立了"强风暴与龙卷联合实验室",重点开展强风暴和龙卷等重大科学项目外场试验等工作。

20.4.3　调查内容和方法

20.4.3.1　调查内容

(1)气象观测、探测资料的调查:包括气象台站概况(台站类别,观测和探测的内容、方式等);卫星、雷达探测资料(龙卷灾害发生所在区域的气象卫星、雷电探测资料);气象台站地面观测资料(龙卷发生时的风向、风速、最大风速、极大风速、气压和最大变压、云状和云量、温度、湿度、降水量、天气现象及其持续时间等)。

(2)目击者、报告者的调查和采访:包括龙卷发生时的基本情况(持续时间、移动路径、直径大小等);龙卷的形状(有无明显的漏斗云、是否接地);龙卷的破坏情况;龙卷产生的飞射物情况;其他。

(3)现场调查:包括建筑物、构筑物或其他设施、设备的损害情况;人或动物的伤亡情况;植物的损坏情况;其他。

(4)垫面特征调查:包括地形、坡向、主要植被种类、经纬度和海拔高度等。还有乡镇、村庄、主要建筑物和电力、交通通信设施的分布情况。

(5)历史灾害调查:包括历史龙卷灾害发生、破坏情况及经济损失等。

(6)其他资料和信息:包括龙卷发生时的监控录像、照片、录音等资料(GB/T 34301—2017《龙卷灾害调查技术规范》)。

20.4.3.2　调查方法

利用测量工具对龙卷路径长度、龙卷路径宽度和受损对象的位置、方位、尺寸进行测量;对直观可见的龙卷灾害破坏现象,拍摄现场照片或进行录像,对典型破坏物象,宜近距离拍照并进行测量。尽可能利用无人机对灾害现场进行航拍。龙卷灾害调查仪器包括:GPS 定位仪、尺、激光测距仪、经纬仪、超声波数字测厚仪、万能角度尺、数码相机、摄像机、录音笔等(GB/T 34301—2017《龙卷灾害调查技术规范》)。

20.5　灾害调查案例

【温州"07818"龙港致灾强龙卷调查】

(1)龙卷灾情

2007 年 8 月 18 日夜里,受第 9 号超强台风"圣帕"衍生的龙卷严重影响,温州市苍南县龙港镇的江山、海城、平等、白沙等办事处的徐家庄、岑浦、二河、下东庄、方中、希贤等村共有 156 间民房倒塌,死亡 11 人(其中 3 人抢救无效死亡),伤 60 人(其中重伤 6 人)。这次龙卷造成的灾情是温州历史上罕见的。调查发现,各地倒塌的民房范围较窄,受灾建筑物相邻的房屋没有明显损坏,各受灾村庄串联后为东南东到西北西走向的一条带状,受灾带宽目测在 200 m 左右,较窄处只有 60~70 m,长度为 8 km 左右。所见灾情有:较好砖混房屋倒塌、房顶被掀、瓦片倒翻、载重 18 t 的铁壳船"上房顶"、载重 5 t 的大货车被掀翻挪移、电线杆拦腰折断、庙内 139 a 古樟树被连根拔起等。据目击村民回忆,事发时间最早的二河村为 23 时 10 分左右,最后遭袭击的郭宕村为 23 时 20 分左右,持续时间约 10 min。据较多目击者称,事发时看见红色火球(柱)快速移动、听见物体快速移动像子弹飞越的"呼呼"声,袭击时间很短。

(2)龙港强龙卷强度等级的确定

经分析表明,此次龙卷破坏程度应在 F2~F3 级之间,属强龙卷。

(3)温州多普勒雷达观测事实

强龙卷发生地位于温州多普勒雷达偏南方向约 50 km,该间距是雷达探测龙卷的理想距离,此次天气过程满足 TVS(龙卷涡旋信号)的 3 个指标条件,多普勒雷达观测事实说明有龙卷发生。

（4）存在的问题

由于龙卷寿命短，一般不超过 30 min，底部的直径通常在 800 m 以内，尺度很小。现有自动气象站网的分布密度和卫星云图的时空分辨率尚难以观测到龙卷的特征参数。国内虽然有少数个例捕捉到，如自记记录上的气压突变（短时间内气压曲线突然下降呈漏斗状），恰巧是龙卷落在测站附近。目前，多普勒天气雷达是唯一能够较好探测到大气中的龙卷的大气探测器，因此，器测龙卷参数仍存在难度。

第 21 章　输电线路覆冰

21.1　概述

21.1.1　定义

输电线路覆冰又可称为电线积冰、电线覆冰、导线积冰。《地面气象观测规范　电线积冰》(GB/T 35235—2017)中定义电线积冰为：雨凇、雾凇凝附在导线上或湿雪冻结在导线上的现象。

根据结冰时气象条件的不同,电线积冰可分为雨凇、雾凇(粒状和晶状)、湿雪及混合凇等形式。

21.1.2　等级划分

按照安徽地方标准《输电线路覆冰气候风险评估和等级划分(报批稿)》中 6.1 等级划分标准,输电线路覆冰等级划分主要依据沿线计算的不同重现期设计冰厚,考虑具体地形影响因素将设计冰厚移用至线路工程地段,按表 21.1 划分覆冰气候风险等级。

表 21.1　覆冰气候风险等级划分标准

设计冰厚(mm)	冰区类别	风险等级
≤5	轻冰区	一级(低风险)
≤10 且>5	轻冰区	二级(较低风险)
<20 且>10	中冰区	三级(中等风险)
<30 且≥20	重冰区	四级(较高风险)
≥30	重冰区	五级(高风险)

21.2　灾害分布特征

21.2.1　空间分布特征

从全国的空间分布上看(图 21.1(彩)),共有 17 个省份有覆冰导线舞动故障记录,但主要集中于辽宁、山东、河南至湖北一线,输电线路故障率最高的省份也是这几个省。在全国有记载的 1299 条次线路故障记录中,占比最高为辽宁省的 27%,达到 352 条次,其次是湖北省的 20%、河南省的 14%以及山东省的 11%,剩余 13 个省仅占 28%的故障记录总数(高正旭等,2016)。

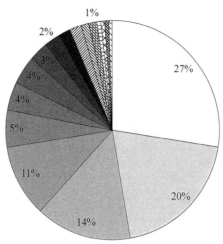

| □ 辽宁 | □ 湖北 | □ 河南 | □ 山东 | □ 内蒙古 | □ 四川 | ■ 湖南 | ■ 河北 | ■ 江西 |
| ■ 新疆 | ▨ 甘肃 | ▨ 宁夏 | ▨ 安徽 | □ 江苏 | ▨ 浙江 | ▨ 兰州 | ▨ 陕西 |

图 21.1(彩)　全国各省覆冰舞动百分比分布图(引自高正旭等,2016)

21.2.2　时间分布特征

21.2.2.1　年变化

电线积冰厚度历史极值出现在 20 世纪 60—70 年代的站点很少,可能由于这一时期站点数据缺失严重引起。积冰厚度极值出现在 80 年代的较多,尤其是 1988/1989 年冬季(1988 年12 月—1989 年 2 月),有 20 个站点出现电线积冰厚度历史极值。而 2008 年,有 50 个站点出现历史极值,约占所有积冰站点的 1/6。这些站点主要集中在河南、江苏南部、福建、安徽南部、江西大部、湖南和贵州,呈东—西向带状分布,反映出 2008 年 1—2 月我国低温雨雪冰冻灾害影响范围广、发生强度大的特点。

近 48 a 来,安徽黄山和江西庐山覆冰厚度历年极大值和覆冰日数均呈增长趋势;四川峨眉山、甘肃西峰镇的历年极大值和覆冰日数均呈减小趋势。其中,四川峨眉山历史极大值以1.8 mm/(10 a)的速度减小,覆冰日数以 3.8 d/(10 a)的速度减少,下降趋势均通过 0.01 显著性检验(表 21.2)。

表 21.2　高山站台站信息

区站号	站名	纬度	经度	海拔(m)	历史极值(mm)	历年极大值趋势(mm/(10 a))	历年覆冰日数趋势(d/(10 a))
58437	安徽黄山	30.13°N	118.15°E	1836.3	58.1	1.7	3.5
58506	江西庐山	29.58°N	115.98°E	1165.3	20.7	0.3	0.5
56385	四川峨眉山	29.52°N	103.33°E	3048.6	14.4	−1.8*	−3.8*
53923	甘肃西峰镇	35.73°N	107.63°E	1421.9	4.3	−0.2*	−0.2
52787	甘肃乌鞘岭	37.2°N	102.87°E	3043.9	9.7	−0.2	0.4

注:* 表示通过 0.01 显著性检验。

21.2.2.2　月变化

覆冰导线舞动总体时间分布中,2月是最容易发生覆冰导线舞动的季节,其次是12月,这两个月份对应不同地区省份的发生次数也比较多,排位第三的月份并列为1月、3月和11月,其中1月主要发生于湖北省,河南省和辽宁省均比较少,3月和11月主要发生于辽宁省,湖北和河南均较少,湖北省和河南省在4月、10月均未有覆冰导线舞动发生,由此可以看出在地域分布上,偏南方的湖北省和河南省主要发生于12月、1月、2月的冬季,而辽宁省主要发生于秋末的11月和初春的3月(图21.2(彩))(高正旭等,2016)。

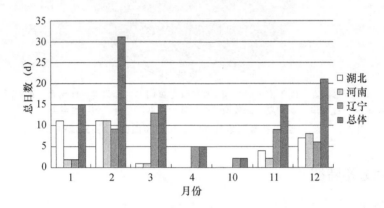

图 21.2(彩)　不同月份覆冰导线舞动日数分布(引自高正旭等,2016)

21.2.2.3　日变化

雨凇、雾凇由于形成和消散的气象条件不同,两者的起止时间具有不同的规律。雾凇起止时间具有明显的日变化规律。晚上和早晨受辐射降温影响易出现雾凇,雾凇开始时间大部分出现在03—08时(占92.0%),60.0%集中出现在06—08时,最早出现在22时31分;白天随太阳辐射增温雾凇趋于消散,雾凇终止时间集中在08—13时。雨凇是过冷却水或湿雪冻结而成,在低温雨雪天气形成,它可以出现在一天的任何时间段,在统计中(不考虑跨日界)也可发现雨凇开始时间分散在一天的各个时段,但以02—05时、09—12时开始较多。由此可知,电线积冰可出现在一天的任何时间(陈柏等,2009)。

21.3　成因分析

21.3.1　气象条件

21.3.1.1　天气系统

冷空气沿渤海湾从我国东北部快速南下影响长江中下游流域,由于东北路冷空气途经沿海地区时,携带较多水汽,因此较易形成覆冰,且东北路冷空气一般南下速度较快,容易产生寒潮大风,当覆冰厚度符合覆冰导线舞动发生条件时,会带来输电线路的覆冰导线舞动故障灾害(高正旭等,2016;朱宽军等,2004)。从环流形势来看,欧亚中高纬大气环流异常和西太平洋副热带高压西伸北移影响是导致长江中下游地区导线覆冰的重要因子(朱君等,2011)。

21.3.1.2　气象要素及影响因子

对覆冰有重要影响的气象因素包括:气温、湿度、风速及风向,日照时数,具备覆冰的气象条件的持续时间,准静止锋及逆温层。在易覆冰区域,在其他覆冰气象因素不变的条件下,下列气象因素条件应有利于覆冰量增长。

(1)气温在 $-0.5\sim-4.0℃$,覆冰量应大于其他气温的覆冰量。

(2)相对湿度在 $95\%\sim100\%$,覆冰量应大于其他相对湿度的覆冰量。

(3)风速在 $0.3\sim3.0$ m/s,覆冰量应大于其他风速的覆冰量。

(4)日照时数小于 2 h,覆冰量应大于日照时数大于 2 h 的覆冰量。

(5)具备覆冰的气象条件的持续时间越长,覆冰量应越大。

(6)准静止锋持续时间越长,覆冰量应越大。

(7)在逆温层范围内覆冰量应更大(Q/GDW 182—2008《中重冰区架空输电线路设计技术规定》)。

21.3.2　承灾体

21.3.2.1　主要影响行业

导线覆冰覆雪,主要对电力部门、通信部门、交通部门影响较大,尤其是对电力部门输电线路产生舞动、断线、断杆、倒塔和断电事故。

覆冰的承灾体主要有:导线、地线、耐张型杆塔、绝缘子、金具(Q/GDW 182—2008《中重冰区架空输电线路设计技术规定》)。

21.3.2.2　暴露度

输电线路覆冰灾害的暴露度通常考虑不同等级输电线路里程数。

21.3.2.3　脆弱性

输电线路覆冰灾害的脆弱性一般考虑冰闪敏感性和网架脆弱度指标。冰闪敏感性指标反映了冰厚对覆冰闪络跳闸的影响情况,网架脆弱度指标表示覆冰闪络跳闸故障对网架结构破坏的严重程度。

21.3.3　其他孕灾环境

21.3.3.1　地形地貌

(1)高出于地区凝冻高度的地段。

(2)促使覆冰气流增速的垭口、风道地段。

(3)迫使覆冰气流抬升,过冷却水滴增多的长缓坡地段。

(4)使覆冰增长期加长的地段。

(5)冬季水汽充足的河流、湖泊等潮湿地区。

(6)在封闭低洼的盆形地区,可能形成局部沉积型覆冰小气候区(Q/GDW 182—2008《中重冰区架空输电线路设计技术规定》)。

21.3.3.2　河流、水系

冬季水汽充足的河流、湖泊等潮湿地区较易发生输电线路覆冰。

21.4 灾害调查现状

21.4.1 相关标准

关于输电线路覆冰方面的标准有《地面观测规范 第15部分：电线积冰观测》（QX/T 59—2007）、《电力工程气象勘测技术规程》（DL/T 5158—2012）、《架空输电线路覆冰勘测规程》（DL/T 5509—2015）和《中重冰区架空输电线路设计技术规定》（Q/GDW 182—2008）等。

21.4.2 工作现状

主要由气象、电力、通信等部门开展调查。如：2018年2月，广西壮族自治区气象局和广西电力派出联合调查组赴兴安、全州等地开展输电线路覆冰实地调查。

21.4.3 调查内容和方法

21.4.3.1 监测手段

电力部门通过建立观冰站开展观测。气象部门也在全国范围内的台站开展了"电线积冰"观测项目。

21.4.3.2 调查内容

（1）覆冰调查内容

1）覆冰地点、海拔、地形、风向，覆冰附着物种类、直径、离地高度、走向。

2）覆冰发生时间和持续日数，覆冰时天气现象包括雾天、雨天、雪天、阴天、晴天。

3）覆冰种类。

4）覆冰的形状、长径、短径和冰重。

5）覆冰重现期，覆冰出现的次数、时间及冰害情况。

6）沿线地形、植被及水体分布等情况。

（2）覆冰资料收集

1）已建输电线路的设计标准及设计冰厚、投运时间、运行中的实测、目测覆冰资料；冻害线路还包括冰厚、冰重、杆塔型、杆塔高、线径、挡距和冰害后的修复标准以及冰害记录、影像资料、报告等。

2）覆冰观测站（点）观测资料：包括测冰日期、长径、短径、冰重、性质、覆冰起止时间、覆冰过程及前后3d时段相应的逐时气温、相对湿度、风速风向。

3）通信线路的设计冰厚、线径、杆高和运行情况、冬季打冰情况、实测覆冰周长、直径。

4）高山气象站的观测资料以及通信基站、高山道班、风电场、光伏电站的冰害记录和报告。

5）地方志、覆冰分析研究报告、冰情资料汇编、区域冰区图等。

21.4.3.3 调查方法

调查方法主要为现场勘查法，包括摄像、地形描述、路径图覆冰信息标注等。

21.5　灾害调查案例

【2018 年安徽省输电线路覆冰灾害】

（1）受灾情况

2018 年 1 月 23—28 日，安徽省出现大范围持续低温雨雪冰冻天气过程，总体呈现雨雪范围广、降雪强度大、积雪深度深、过程气温低等特点。持续低温雨雪冰冻天气对电力、交通运输、农业和人民生活等产生不利影响，尤其是安庆、池州地区供电线路覆冰严重，出现较大面积倒杆、断线、跳闸、停电事故。

（2）致灾机理分析

1）天气形势

从环流形势来看，500 hPa 乌拉尔山阻塞高压稳定维持，使得阻高东部的冷空气不断堆积，冷中心气温达−48℃。东北冷涡活动频繁，不断引导强冷空气南下，冷空气经日本海、朝鲜半岛由东路影响安徽，24—28 日有多个短波槽东移影响安徽，冷暖空气在安徽一带交汇。另外，700 hPa 西南急流达 24 m/s，急流轴位于沿江，输送了充沛的水汽。850 hPa 在江西北部存在一暖式切变线，安徽处于切变线北侧的偏东风急流中，地面则位于冷高压底部。这种环流配置是安徽典型的暴雪天气形势。700 hPa 附近的暖层以及 850 hPa 以下的冷垫，是冻雨发生的重要条件，由于 700 hPa 以上气温比较低，冰雪形成，但在降落到 700～800 hPa 时，由于在近 1 km 的距离气温高于 0℃，冰雪融化为液态。但当液态的水降落到 925 hPa，气温迅速降低为−7℃，形成冻雨。安庆地区的湿度、气温、气压等条件，导致冻雨发生、电线积冰严重。24 日 14 时开始，安庆站气温低于 0℃且持续降温至−2℃，导致积冰直径增长且不能融化。

2）承灾体分析

覆冰导线舞动作为一种电力气象灾害，有其自身的天气学影响系统，主要表现为覆冰导线舞动发生时，一般伴随冻雨或雨夹雪天气，导线覆冰较薄，风速较大且持续、稳定，本次天气系统正好属于偏东北路冷空气南下时造成的大风降温并伴随雨雪的天气过程。

覆冰导线舞动是输电线路覆冰灾害之一，表现为偏心覆冰导线在风激励下产生的一种低频、大振幅自激震动，属于流体和固体（结构物）的耦合振动。这种振动是较高风速引起的覆冰导线的驰振，由于其形态上下翻飞，形如龙舞，也称舞动。舞动极易与铁塔形成塔-线耦联体系，放大舞动效应，会在导线中产生动态交变应力，降低导线的疲劳极限，极易造成导线损伤甚至断线，缩短导线寿命；同时舞动会在绝缘子串、横担及输电塔上施加很大的动力荷载，造成绝缘子串摆动、横担扭曲变形、杆塔塔身摇晃，甚至倒塌。

电力线路覆冰危害较大，如果不去及时清除，会造成线路增重、线弧坠低，严重时将导致断线故障，使得沿线台区停电。

3）孕灾环境因素

安庆地区尤其是宿松县湖泊较多，水汽丰沛，湖面风速较大，风速对冻雨和水汽有汇集作用，利用导线覆冰和湿增长，导线覆冰后，加上较大的风速产生导线舞动，形成共振后极易导致断线、倒杆、倒塔。

（3）历史情况调查

2008 年 1 月 10 日至 2 月 6 日，安徽省连续发生 5 次全省性降雪，是中华人民共和国成立以来持续时间最长、积雪最深、范围最大、灾情最重的一次雪灾。全省 1436.14 万人受灾,转移安置群众 13.11 万人,因灾死亡 12 人,伤病 7142 人;农作物受灾面积 80.27 万 hm²,其中绝收面积 6.78 万 hm²;倒塌房屋 12.08 万间,损坏房屋 22.84 万间,受灾学校 2174 所;因灾各项直接经济损失 132.33 亿元,其中农业损失 54.43 亿元,各类基础设施损失 45.12 亿元,工业损失 30.54 亿元。六安、安庆、合肥、池州、宣城、黄山、巢湖、滁州等市受灾较重。

参考文献

白媛,张建松,王静爱,2011. 基于灾害系统的中国南北方雪灾对比研究——以 2008 年南方冰冻雨雪灾害和 2009 年北方暴雪灾害为例[J]. 灾害学,26(1):14-19.

蔡根有,2014. 森林火灾成因和森林资源损失调查方法[J]. 北京农业,(12).

陈柏,郜庆林,吴明江,2009. 金华近 56 年电线积冰气候特征及灾害防御[J]. 气象,35(8):85-90.

陈波,方伟华,何飞,等,2006. 湖南省湘江流域 2006 年"7·15"暴雨-洪水巨灾分析[J]. 自然灾害学报,15(6):50-55.

陈晨,李波,雷东洋,2015. 长江上游流域秋季连阴雨时空变化特征[J]. 气象与减灾研究,38(2):22-26.

陈家金,王加义,李丽纯,等,2012. 影响福建省龙眼产量的多灾种综合风险评估[J]. 应用生态学报,23(3):819-826.

陈建忠,刘剑斌,肖应忠,2010. 建阳市森林火灾时空分布特征[J]. 福建林学院学报,30(2):119-122.

陈江锋,余丽萍,戴小燕,2015. 衢州春茶冻害的气候特征及主要过程分析[J]. 浙江农业科学,56(7):977-979.

陈联寿,等,2012. 台风预报及其灾害[M]. 北京:气象出版社.

陈敏,耿福海,马雷鸣,等,2013. 近 138 年上海地区高温热浪事件分析[J]. 高原气象,35(2):597-607.

陈思宇,王志强,廖永丰,2014. 台风风暴潮灾害主要承灾体的成灾机制浅析——以 2013 年"天兔"台风风暴潮为例[J]. 中国减灾,(5):44-46.

陈天锡,陈卫波,2000. 森林火灾与气象条件的关系及其预报和防御[J]. 气象与环境科学,(4):25-26.

陈香,2007. 沿海地区台风灾害系统脆弱性过程诊断与评估——以福建省为例[J]. 灾害学,22(3):6-10.

陈玉林,周军,马奋华,2005. 登陆我国台风研究概述[J]. 气象科学,25(3):319-329.

陈正洪,刘来林,袁业畅,2010. 湖北大畈核电站周边飑线时空分布与灾害特征[J]. 气象,36(1):79-84.

陈正洪,王祖承,杨宏青,等,2002. 城市暑热危险度统计预报模型[J]. 气象科技,30(2):98-104.

戴策乐木格,2014. 草原牧区干旱灾害风险区划与分析[D]. 呼和浩特:内蒙古师范大学.

邓德文,周筠,赵鹏国,等,2013. 中国典型区域雷电活动气候特征及其机制分析[J]. 气象科学,33(1):109-118.

邓振镛,张强,徐金芳,等,2009. 高温热浪与干热风的危害特征比较研究[J]. 地球科学进展,24(8):865-873.

丁一汇,李鸿洲,章名立,等,1982. 我国飑线发生条件的研究[J]. 大气科学,6(1):18-27.

丁一汇,柳艳菊,2014. 近 50 年我国雾和霾的长期变化特征及其与大气湿度的关系[J]. 中国科学 D 辑:地球科学,44:37-48.

丁一汇,张锦,徐影,等,2003. 气候系统的演变及其预测[M]//秦大河. 全球变化热门话题丛书. 北京:气象出版社.

董雪娜,李雪梅,林银平,等,2008. 黄河下游凌情特征及变化[J]. 水科学进展,19(6):882-887.

杜榕桓,李鸿琏,1995. 三十年来的中国泥石流研究[J]. 自然灾害学报,4(1):64-73.

杜一衡,郝振纯,李伟玲,等,2014. 黄河源区河道冰凌特征变化及影响因素分析[J]. 水资源与水工程学报,25(5):32-36.

段英,2009. 冰雹灾害[M]. 北京:气象出版社.

范晨,2010. 基于 GIS 的森林火灾风险评估的分析与研究[D]. 北京:北京交通大学.

范兰艳,冯淑霞,李书君,等,2016.我国北方沙尘暴天气气候特征及成因分析[J].现代农业科技,(3):276-277.

范一大,史培军,朱爱军,等,2006.中国北方沙尘暴与气候因素关系分析[J].自然灾害学报,15(5):12-18.

冯婧,周伟灿,徐影,2012.1980—2009年我国龙卷事件变化[J].气候变化研究进展,8(03):183-189.

符文熹,聂德新,任光明,等,1997.中国泥石流发育分布特征研究[J].中国地质灾害与防治学报,(4):39-43.

高正旭,周月华,肖莺,等,2016.湖北省输电线路覆冰导线舞动灾害的一种气象甄别方法[J].灾害学,31(3):73-77.

耿焕同,吴正雪,计浩军,等,2015.基于GIS的上海市嘉定区暴雨积涝灾害风险区划研究[J].灾害学,30(1):96-101.

宫德吉,白美兰,王秋晨,2001.黄河凌汛及其预报研究[J].气象,27(5):38-42.

宫德吉,陈素华,1999.农业气象灾害损失评估方法及其在产量预报中的应用[J].应用气象学报,10(1):66-71.

顾润源,周伟灿,白美兰,等,2012.气候变化对黄河内蒙古段凌汛期的影响[J].中国沙漠,32(6):1751-1756.

郭其乐,陈怀亮,邹春辉,等,2009.河南省近年来遥感监测的森林火灾时空分布规律分析[J].气象与环境科学,30(2):29-32.

韩荣青,陈丽娟,李维京,等,2009.2—5月我国低温连阴雨和南方冷害时空特征[J].应用气象学报,20(3):312-320.

洪毅,廖良清,蔡振群,2004.地质灾害气象因素引发成因分析[C]//浙江省气象学会.首届长三角气象科技论坛论文集.

胡钰玲,康延臻,杨旭,等,2017.2008—2015年北京高速公路道面结冰特征分析[J].冰川冻土,9(4):811-823.

扈海波,熊亚军,张姝丽,2010.基于城市交通脆弱性核算的大雾灾害风险评估[J].应用气象学报,21(6):732-738.

黄大鹏,张蕾,高歌,2016.未来情景下中国高温的人口暴露度变化及影响因素研究[J].地理学报,71(7):1189-1200.

黄荣辉,顾雷,徐予红,等,2005.东亚夏季风爆发和北进的年际变化特征及其与热带西太平洋热状态的关系[J].大气科学,29(1):20-36.

黄荣辉,郭其蕴,孙安健,等,1997.中国气候灾害图集[M].北京:海洋出版社.

黄润秋,2007.20世纪以来中国的大型滑坡及其发生机制[J].岩石力学与工程学报,26(3):433-454.

黄艳艳,2011.我国秋季连阴雨的气候特征及其与大气环流的关系[D].江苏:南京信息工程大学.

黄芸玛,2006.雪灾的特征及其成因分析——以青南高原为例[J].当代教师教育,23(3):119-122.

贾佳,胡泽勇,2017.中国不同等级高温热浪的时空分布特征及趋势[J].地球科学进展,32(5):546-559.

康玲玲,张聪智,王云璋,等,2000.黄河下游凌情变化的气象成因分析[J].河南气象,(3):33-36.

康志明,金荣花,鲍媛媛,2010.1951—2006年期间我国寒潮活动特征分析[J].高原气象,29(2):420-428.

李锋,2011.沙尘暴灾害风险评估指标体系初探[J].灾害学,26(4):8-13.

李克让,郭其蕴,张家诚,等,1999.中国干旱灾害研究及减灾对策[M].郑州:河南科学出版社.

李丽文,2013.黑龙江干流呼玛县冰凌灾害调查及成因研究[J].黑龙江水利科技,41(2):19-22.

李娜,冉令坤,高守亭,2013.华东地区一次飑线过程的数值模拟与诊断分析[J].大气科学,37(3):595-608.

李书严,轩春怡,李伟,等,2008.城市中水体的微气候效应研究[J].大气科学,32(3):552-560.

李文亮,张丽娟,张冬有,2009.黑龙江省低温冷害风险评估与区划研究[J].干旱区资源与环境,23(10):151-155.

李香颜,张金平,陈敏,2017.基于GIS的河南省冬小麦干热风风险评估及区划[J].自然灾害学报,(3):63-70.

李晓佳,海春兴,刘广通,2007. 阴山北麓不同用地方式下春季土壤可蚀性研究[J]. 干旱区地理(汉文版),30(6):926-932.

李兴华,2007. 内蒙古东北部森林草原火灾规律及预警研究[D]. 北京:中国农业科学院.

李颖,韦原原,刘荣花,等,2014. 河南麦区一次高温低湿型干热风灾害的遥感监测[J]. 中国农业气象,35(5):593-599.

李玉杰,张秋丰,叶风娟,等,2012. 天津沿海 1105 号台风风暴潮过程分析[J]. 海洋预报,29(4):42-46.

李媛,曲雪妍,杨旭东,等,2013. 中国地质灾害时空分布规律及防范重点[J]. 中国地质灾害与防治学报,24(4):71-78.

梁建茵,2003. 我国热带气旋登陆时间日变化特征分析[J]. 热带气象学报,19(suppl):160-165.

梁潇云,钱正安,李万元,2002. 青藏高原东部牧区雪灾的环流型及水汽场分析[J]. 高原气象,21(4):359-367.

林建,杨贵名,毛冬艳,2008. 我国大雾的时空分布特征及其发生的环流形势[J]. 气候与环境研究,13(2):171-181.

刘佼,肖稳安,陈红兵,2010. 全国雷电灾害分析及雷灾经济损失预测[J]. 气象环境与科学,33(4):21-26.

刘景涛,钱正安,姜学恭,等,2004. 影响中国北方特强沙尘暴的天气系统分型研究[C]//中国西部环境问题与可持续发展国际学术研讨会:540-547.

刘强,张玉红,2012. 青岛地区风暴潮灾害易损性风险区划建模[J]. 海洋地质前沿,28(9):46-53.

刘永强,叶笃正,季劲钧,1992. 土壤湿度和植被对气候的影响-Ⅰ. 短期气候异常持续性的理论分析[J]. 中国科学 B 辑,4:441-448.

陆冠锦,林英华,李红,2017. 中国雾霾形成及分布的地理因素探究和对策建议[J]. 中学地理教学参考,(8):70-72.

陆建新,2003.0216 号台风风暴潮灾害调查分析[J]. 海洋预报,20(2):1-4.

吕娟,高辉,孙洪泉,2011.21 世纪以来我国干旱灾害特点及成因分析[J]. 中国防汛抗旱,21(5):38-43.

马德栗,李兰,鞠英芹,2013.1961—2009 年湖北省柑橘冻害等级及其特征分析[J]. 湖北农业科学,52(14):3313-3319.

马力,崔鹏,周国兵,等,2009. 地质气象灾害[M]. 北京:气象出版社.

马力,曾祥平,向波,2002. 重庆市山体滑坡发生的降水条件分析[J]. 山地学报,20(2):246-249.

马明,吕伟涛,张义军,等,2008. 我国雷电灾害及相关因素分析[J]. 地球科学进展,23(8):856-865.

马明,吕伟涛,张义军,2008.1997—2006 年我国雷电灾情特征[J]. 应用气象学报,19(4):393-400.

马树庆,李锋,王琪,等,2008. 寒潮和霜冻[M]. 北京:气象出版社.

孟繁胜,刘旭,祖雪梅,2010. 霜冻的形成及对农作物的影响分析[J]. 林业勘查设计,(3).

牛运光,1997. 凌汛危害及其防治措施[J]. 人民黄河,(2):9-14.

潘文卓,2008. 江苏省龙卷风分布特征及其灾害评估[D]. 南京:南京信息工程大学.

祁新华,程煜,李达谋,等,2016. 西方高温热浪研究述评[J]. 生态学报,36(9):2773-2778.

申向东,姬宝霖,王晓飞,等,2003. 阴山北部农牧交错带沙尘暴特性分析[J]. 干旱区地理(汉文版),26(4):345-348.

史军,崔林丽,贺千山,等,2010. 华东雾和霾日数的变化特征及成因分析[J]. 地理学报,65(5):533-542.

施宁,1991. 长江中下游春季连阴雨的低纬环流及其低频震荡背景[J]. 气象科学,11(1):103-111.

寿绍文,励申申,寿亦萱,等,2003. 中尺度气象学[M]. 北京:气象出版社.

宋阳,刘连友,严平,等,2005. 中国北方 5 种下垫面对沙尘暴的影响研究[J]. 水土保持学报,19(6):15-18.

苏力华,楼玫娟,肖金香,等,2004. 气象卫星遥感监测在森林防火中的应用[J]. 西北农林科技大学学报:自然科学版,32(11):85-88.

苏立娟,何友均,陈绍志,2015.1950—2010 年中国森林火灾时空特征及风险分析[J]. 林业科学,51(1):

88-96.

苏英,黄娜娜,刘宇峰,2016.2000—2015年我国地质灾害年际变化与地区分布特征[J].安徽农业科学,(35):92-95.

孙奕敏,1994.灾害性浓雾[M].北京:气象出版社.

谈建国,陆晨,陈正洪,2009.高温热浪与人体健康[M].北京:气象出版社.

唐邦兴,杜榕桓,康志成,等,1980.我国泥石流研究[J].地理学报,35(3):259-264.

陶玉柱,邸雪颖,金森,2013.我国森林火灾发生的时空规律研究[J].世界林业研究,26(5):75-80.

腾翔,何秉顺,2011.黄河凌汛及防凌措施[J].中国防汛抗旱,20(6):72-72.

汪超,罗喜平,2017.基于GIS的贵州省道路结冰灾害风险区划分析[J].高原山地气象研究,37(3):71-77.

王蝶,苗峻峰,银燕,2012.黄山地区地形和植被变化对云和降水的影响[R].长三角气象科技论坛.

王霁吟,陈宝君,宋金杰,等,2015.基于再分析资料的我国龙卷发生环境和通用龙卷指标[J].气候与环境研究,20(4):411-420.

王金辉,刘涛,孟超,等,2011.新疆克州地区强降雪天气气候特征及预报[J].陕西气象,(5):18-22.

王静爱,史培军,王瑛,等,2005.中国城市自然灾害区划编制[J].自然灾害学报,14(6):42-46.

王鹏,王婷,周斌,等,2014.四川省干旱灾害孕灾环境敏感性研究[J].现代农业科技,(24):221-222.

王绍武,马树庆,陈莉,等,2009.低温冷害[M].北京:气象出版社.

王绍中,田云峰,2010.河南小麦栽培学(新编)[M].北京:中国农业科学技术出版社.

王胜,田红,谢五三,2012.基于GIS技术的台风灾害风险区划研究——以安徽省为例.中国农业大学学报,17(1):161-166.

王式功,2006.中国北方沙尘暴的天气气候特征及其成因研究[R].2006年草原与沙尘暴高层论坛.

王式功,等,2010.沙尘暴灾害[M].北京:气象出版社.

王素艳,霍治国,李世奎,等,2005.北方冬小麦干旱灾损风险区划[J].作物学报,31(3):267-274.

王小玲,王咏梅,任福民,等,2007.影响中国的台风频数年代际变化趋势:1951-2004年[J].气候变化研究进展,3(z1):41-44.

王旭,刘万龙,颜雪娇,2017.森林火灾调查工作概述[J].农村经济与科技,28(22).

王艳君,高超,王安乾,等,2014.中国暴雨洪涝灾害的暴露度与脆弱性时空变化特征[J].气候变化研究进展,10(6):391-398.

王玉玺,陈凡凡,1995.松花江流凌预报方法[J].气象,21(2):32-35.

王正非,朱廷曜,朱劲伟,等,1985.森林气象学[M].北京:中国林业出版社.

王志春,包云辉,史玉严,2012.基于GIS的赤峰市干旱灾害风险区划与分析[J].中国农学通报,28(32):271-275.

魏文秀,赵亚民,1995.中国龙卷的若干特征[J].气象,21(5):36-40.

温克刚,翟武全,等,2007.中国气象灾害大典·安徽卷[M].北京:气象出版社.

温克刚,2008.中国气象灾害大典·综合卷[M].北京:气象出版社.

吴兑,吴晓京,李菲,等,2010.1951—2005年中国大陆霾的时空变化[J].气象学报,68(5):680-688.

吴兑,2009.雾和霾[M].北京:气象出版社.

吴剑坤,2010.我国强冰雹发生的环境条件和雷达回波特征的初步分析[D].北京:中国气象科学研究院.

谢丽,张振克,2010.近20年中国沿海风暴潮强度、时空分布与灾害损失[J].海洋通报,29(6):690-696.

谢盼,王仰麟,刘焱,等,2015.基于社会脆弱性的中国高温灾害人群健康风险评价[J].地理科学报,70(7):1042-1051.

徐金芳,邓振镛,陈敏,等,2009.中国高温热浪危害特征的研究综述[J].干旱气象,27(2):163-167.

许乐,李忠辉,管丽丽,2016.吉林省雪灾风险情况初探[J].吉林气象,23(4):3841.

许小峰,顾建峰,李永平,2009.海洋气象灾害[M].北京:气象出版社.

许艳,王国复,王盘兴,2009. 近50a中国霜期的变化特征分析[J]. 气象科学,29(4):427-433.

薛建军,李佳英,张立生,等,2012. 我国台风灾害特征及风险防范策略[J]. 气象与减灾研究,35(1):62-67.

杨广斌,唐小明,宁晋杰,等,2009. 北京市1986-2006年森林火灾的时空分布规律[J]. 林业科学,45(7):90-95.

杨桂山,2000. 中国沿海风暴潮灾害的历史变化及未来趋向[J]. 自然灾害学报,9(3):23-30.

杨虎,胡玉萍,2012. 霜冻灾害的研究[J]. 农业灾害研究,2(1):54-61.

杨静,2015. 中国北方1960—2007年沙尘暴特征及其自然影响因子关系探讨[D]. 兰州:兰州大学.

杨世刚,赵桂香,潘森,等,2010. 我国雷电灾害时空分布特征及预警[J]. 自然灾害学报,19(6):153-159.

杨晓光,李茂松,霍治国,等,2010. 农业气象灾害及其减灾技术[M]. 北京:化学工业出版社.

姚玉璧,张强,李耀辉,等,2013. 干旱灾害风险评估技术及其科学问题与展望[J]. 资源科学,35(9):1884-1897.

叶殿秀,尹继福,陈正洪,等,2013. 1961—2010年我国夏季高温热浪的时空变化特征[J]. 气候变化研究进展,9(1):15-20.

叶殿秀,张勇,2008. 1961—2007年我国霜冻变化特征[J]. 应用气象学报,19(6):661-665.

俞布,缪启龙,潘文卓,等,2011. 杭州市台风暴雨洪涝灾害风险区划与评价[J]. 气象,37(11):1415-1422.

宇如聪,李建,陈昊明,等,2014. 中国大陆降水日变化研究进展[J]. 气象学报,72(05):948-968.

袁娟娟,丁治英,王莉,2011. 1949—2007年登陆我国变性热带气旋的特征统计及合成分析[J]. 热带气象学报,27(4):529-541.

臧海佳,2009. 近52年我国各强度降雪的时空分布特征[J]. 安徽农业科学,37(13):6064-6066.

张芳华,高辉,2008. 中国冰雹日数的时空分布特征[J]. 大气科学学报,31(5):687-693.

张景华,王希娟,钱有海,等,2007. 青海草原火灾环境因素分析[J]. 自然灾害学报,16(1):71-75.

张可慧,李正涛,刘剑锋,等,2011. 河北地区高温热浪时空特征及其对工业、交通的影响研究[J]. 地理与地理信息科学,27(6):90-95.

张强,王劲松,姚玉璧,等,2017. 干旱灾害风险及其管理[M]. 北京:气象出版社.

张强,张良,崔显成,等,2011. 干旱监测与评价技术的发展及其科学挑战[J]. 地球科学进展,26(7):763-778.

张钛仁,2015. 沙尘暴灾害风险管理[M]. 北京:气象出版社.

张小曳,孙俊英,王亚强,等,2013. 我国雾-霾成因及其治理的思考[J]. 科学通报,58(13):1178-1187.

张增,王兵,伍小洁,等,2015. 无人机森林火灾监测中火情检测方法研究[J]. 遥感信息,(1):107-110.

张志红,成林,李书岭,等,2013. 我国小麦干热风灾害研究进展[J]. 气象与环境科学,36(2):72-76.

章国材,2014. 自然灾害风险评估与区划原理和方法[M]. 北京:气象出版社.

赵凤君,王明玉,舒立福,等,2009. 气候变化对森林火灾动态的影响研究进展[J]. 气候变化研究进展,5(1):50-55.

赵广娜,2011. 黑龙江省暴雪天气分析及预报方法研究[D]. 兰州:兰州大学.

赵慧霞,张建忠,陈海燕,2016. 1509号台风"灿鸿"灾情调查与致灾原因分析[J]. 防灾科技学院学报,18(4):44-49.

赵金涛,岳耀杰,王静爱,等,2015. 1950—2009年中国大陆地区冰雹灾害的时空格局分析[J]. 中国农业气象,36(1):83-92.

赵俊芳,赵艳霞,郭建平,等,2012. 过去50年黄淮海地区冬小麦干热风发生的时空演变规律[J]. 中国农业科学,45(14):2815-2825.

赵可新,宋庆武,乌秋力,等,2006. 原始林区雷击火发生的气象条件及预警技术[J]. 内蒙古气象,(2):22-24.

郑祚芳,王迎春,刘伟东,2006. 地形及城市下垫面对北京夏季高温影响的数值研究[J]. 热带气象学报,22(6):672-676.

中国气象局,1993. 农业气象观测规范[M]. 北京:气象出版社.

中国气象局,2005. 中国气象灾害年鉴[M]. 北京:气象出版社.

中国气象局上海台风研究所,2006. 中国热带气旋气候图集(1951—2000 年)[M]. 北京:科学出版社.

周超,2014. 中国大陆龙卷时空分布特征及典型个例研究[D]. 兰州:兰州大学.

周广胜,等,2009. 气象与森林草原火灾[M]. 北京:气象出版社.

周后福,2015. 江淮地区三类强风暴结构差异及其成因研究[D]. 南京:南京信息工程大学.

周昆,陈兴超,王东勇,等,2016.2014 年淮河流域一次飑线过程的结构及环境分析[J]. 暴雨灾害,35(1): 69-75.

周兰,岳耀杰,栗健,等,2014. 冰雹灾害承灾个体脆弱性评估研究进展[J]. 中国农业气象,35(3):330-337.

朱君,向卫国,赵夏菁,2011. 贵州导线覆冰的致灾机理研究[J]. 高原山地气象研究,31(4):42-50.

朱宽军,尤传永,赵渊如,2004. 输电线路舞动的研究与治理[J]. 电力建设,25(12):18-21.

朱乾根,1981. 天气学原理和方法[M]. 北京:气象出版社.

邹晨曦,王晓云,王颖,等,2011. 雾灾风险评估与区划方法[J]. 中国科技信息,(6):34-37.

FujitaT T,1971. Proposed characterization of tornadoes and hurricanes by area and intensity. SMRP Research Paper 91, University of Chicago, Chicago, IL:42. [Available from Wind Engineering Research Center, Box 41023,Lubbock,TX79409.]

Houghton J T,Ding Y,2001. The Scientific Basis[M]//IPCC. Climate Change 2001:Summary for Policy Make and Technical Summary of the Working Group I Report. London:Cambridge University Press.

Hu Lisuo,Huang Gang,Qu Xia,2017. Spatialand temporal features of summer extreme temperature over China during 1960-2013[J]. Theoretical and Applied Climatology, 128(3):821-833.

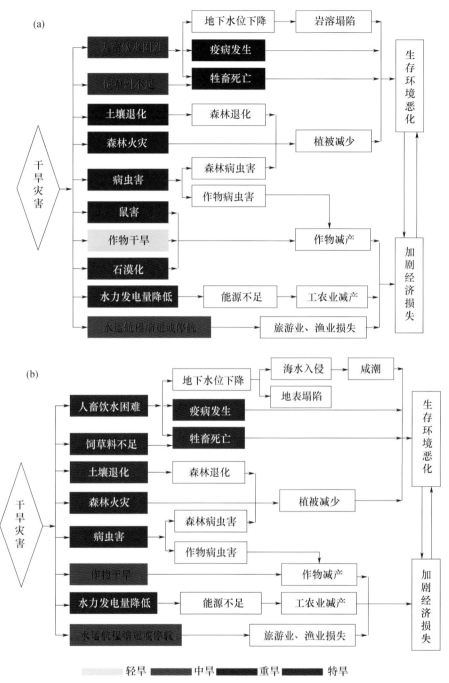

(a)

干旱灾害 →
- 人畜饮水困难 → 地下水位下降 → 岩溶塌陷 →
- 疫病发生 →
- 牲畜死亡 →
- 饲草料不足 →
- 土壤退化 → 森林退化 →
- 森林火灾 → 植被减少 →
- 病虫害 → 森林病虫害
- 作物病虫害 →
- 鼠害 →
- 作物干旱 → 作物减产 →
- 石漠化 →
- 水力发电量降低 → 能源不足 → 工农业减产 →
- 水运航程缩短或停航 → 旅游业、渔业损失 →

→ 生存环境恶化
→ 加剧经济损失

(b)

干旱灾害 →
- 人畜饮水困难 → 地下水位下降 → 海水入侵 → 咸潮
- 地表塌陷
- 疫病发生 →
- 牲畜死亡 →
- 饲草料不足 →
- 土壤退化 → 森林退化 →
- 森林火灾 → 植被减少 →
- 病虫害 → 森林病虫害
- 作物病虫害 →
- 作物干旱 → 作物减产 →
- 水力发电量降低 → 能源不足 → 工农业减产 →
- 水运航程缩短或停航 → 旅游业、渔业损失 →

→ 生存环境恶化
→ 加剧经济损失

图例：■ 轻旱　■ 中旱　■ 重旱　■ 特旱

图 3.3(彩)　干旱灾害链(色标表示达到此等级干旱,旱灾可影响到相应的承灾体)
(引自王劲松等,2015)
(a)西南;(b)华南

图 10.6(彩)　河西走廊狭管效应示意图

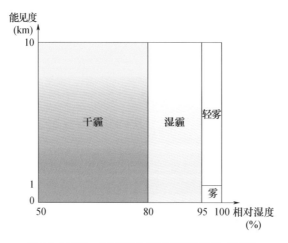

图 12.1(彩)　雾和霾的定义(引自吴兑,2009)

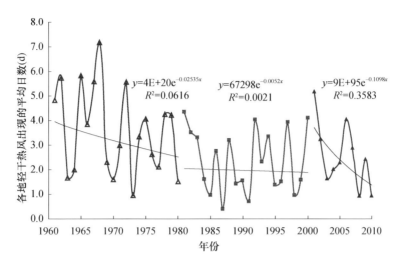

图 14.1(彩)　1961—2010 年黄淮海地区冬小麦轻干热风出现平均
日数的变化趋势(引自赵俊芳等,2012)

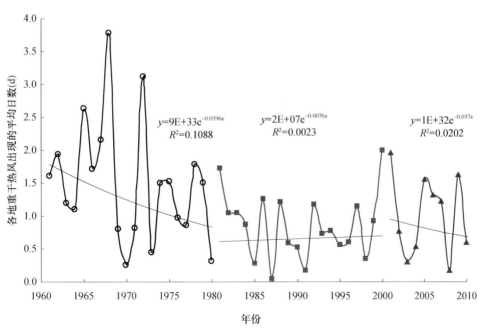

图 14.2(彩)　1961—2010 年黄淮海地区冬小麦轻重热风出现
平均日数的变化趋势(引自赵俊芳等,2012)

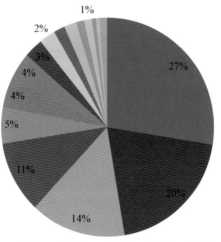

27%

20%

14%

11%

5%

4%

4%

3%

2%

1%

■ 辽宁 ■ 湖北 ■ 河南 ■ 山东 ■ 内蒙古 ■ 四川 ■ 湖南 ■ 河北 ■ 江西
■ 新疆 ■ 甘肃 ■ 宁夏 ■ 安徽 ■ 江苏 ■ 浙江 ■ 兰州 ■ 陕西

图 21.1(彩)　全国各省覆冰舞动百分比分布图(引自高正旭等,2016)

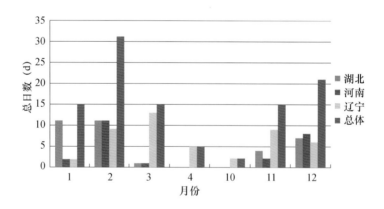

图 21.2(彩)　不同月份覆冰导线舞动日数分布(引自高正旭等,2016)